伊吹山花散歩

監修　青木 繁　　写真・文　橋本 猛

SUNRISE

花を想い　花と出会う

グリーンウォーカークラブ
青　木　　繁

　人が、花に惹かれるのは、私たちの体の奥底に刻まれた、長い歴史の積み重ねがあるからかもしれない。今から１万年以上も前の縄文時代の墓の跡から、多くの花の花粉が見つかっている。これは、遺体を埋葬する際、死者に花を手向けたあとではないかと考えられている。以来、人々は花を愛で、暮らしの様々な節目で花を贈り、花を飾り、生活の中に取り入れてきた。

　私は、子どもの頃生け花を習ったことがある。というより、習わされたことがある。小学３年生から６年生までのことで、少々落ち着きのない子を、なんとかじっとしているようにできないかと、母親が無理やり家の近くの華道の家元に預けた格好だ。しかし、先生が男性で、周りの人達が大人の中にただひとりでいる私のためにと、何かと気を遣い配慮をしてくださったことが、４年もの間続けることになったのかもしれない。

　田舎暮らしが好きで、花好きの母親の影響を受けたのかどうかはいざ知らず、一時、星に没頭するが、その後、また、植物に興味がわいた。

　三十数年前、湖南から湖西の今津に引っ越してからは、マキノ、今津、朽木の山野を歩くことが多くなった。比較的調査が遅れていたこともあり、調査に行くたびに多くの発見があった。

　そんな中、滋賀県にもきっと自生するのではと、ミズバショウの確認調査に没頭したこと

がある。「昔、イワナ釣りに行ったとき、水辺で白い大きな花を見た」「カラーみたいな花を見た」など、結構それらしき情報があった。隣接する福井県や岐阜県には自生があり、兵庫北部にも見られる。歩き回ったのは、福井県と境をなす今津の山地から朽木の山地にかけてである。河川争奪で有名な平池周辺の谷や、百瀬川上流もよく訪れた。2年程躍起になって探したが、ミズバショウは見つからずじまいだった。しかし、この時、ニッコウキスゲ、ザゼンソウ、リュウキンカ、タヌキラン、チョウジギク、オオニガナ、ミツガシワ、ヤナギランなど北方系の要素を持つ寒地性植物の新たな自生地が確認できた。

北方系植物は、昔、日本が大陸と陸続きだった頃、北から分布を広げた植物で、滋賀県では伊吹山地、野坂山地に自生する。両白山地から南下した植物は、福井、岐阜、滋賀の県境にある夜叉が池あたりから、一つは、マキノ赤坂山へと伸びる野坂山地を南下、さらに、びわ湖で進路を阻まれたもう一方は、伊吹北尾根から伊吹山へと南下する。植物が分布を広げるコリドーが滋賀県で二つに分かれ、びわ湖をとり囲むように分布を広げる。伊吹山地に自生する、キンバイソウ、ハクサンフウロ、グンナイフウロなども、ここが南限となる。

自らを「花の精」と言い、近代日本の植物学の基礎を築いた牧野富太郎博士も何度か伊吹山へ採集旅行に訪れている。明治14年には、山頂へは行かなかったが、弥高あたりでいろいろな植物を採集し、その時の調査でイブキスミレが見つけられた。その後、70歳になった昭和6年8月にも伊吹を訪れ、山麓から山頂まで調査されている。8月のことで、見事なお花畑が広がり、4合目付近にイブキジャコウソウが咲き乱れ、見事だと記されている。

今、私の手元に残る野帳は、50冊以上となった。伊吹山には何回来たのだろうかと調べてみたら、60回程あった。人を案内し訪れたことも多く、おそらくこれ以上となるだろう。しかし、行く度に新たな発見がある。

花を想い、花と出会う。

これからの人生、まだまだ、どんな花とのであいがあるのだろうかと、楽しみはつきない。

Contents

春

夏

Contents

秋

Contents

マップイラスト：いぶきみや

春

12.3.8 伊吹

1—セツブンソウ　節分草

節分のころには開花するところから名づけられたと思われるが、雪深い伊吹山麓での開花は、例年、節分には間に合わない。しかし、春一番に見せる顔はまさしく女神。大久保の畑や小泉の梅林の群生地には、最近、観光客やカメラマンが大変多く訪れるようになっている。

11.3.27 伊吹

2—シュンラン　春蘭

春に咲く蘭で春蘭。落ち葉の間から、土筆のように花茎が伸びる。上部がおばあさんのほっかぶり、下部がおじいさんの白い鬚のように見えることから、「ジジババ」の別名がある。

3—フクジュソウ　福寿草

元日草や朔日草の別名を持ち、春を告げる花の代表である。江戸時代からの古典園芸植物で、野生のものもあるようだが、これは、小泉のお寺の庭先で撮らせていただいた。

09.2.8 小泉

13.3.31 伊吹

4—スズシロソウ　蘿蔔草

草丈は10㎝ほどで、根元からランナーを出して繁殖する。直径1㎝にも満たない小さな白い4弁の花をつける。花が大根の花に似ているところからの命名であろう。セツブンソウの観察会でにぎわう大久保の土手にもたくさん咲いている。

13.3.9 上平寺

5—セリバオウレン　芹葉黄連

直径１㎝ほどの真っ白の小さな花が３個、10㎝ほどの花茎につく。花には雄花と雌花があり、雄花には雄しべが花火のように広がっている。開花とともに新しいセリのような葉を展開する。まだ日当たりの少ない林間に、雪が解けると直ぐに開花する健気な花である。

13.3.12 小泉

6―スハマソウ　州浜草

別名雪割草で、ミスミソウの仲間。３つに裂けた葉の先が尖っているミスミ（三角）と、丸いスハマ（州浜）のタイプがある。山麓でもところどころに咲いているが、遅れて４月、３合目の林間に、一面真っ白に咲いていてびっくりしたことがある。

7―オオイヌノフグリ

大犬の陰嚢

ヨーロッパ原産の外来植物で、道端やあぜ道などで普通に見られ、早春からコバルト色の花を咲かせる。フグリとは陰嚢のことで、この花の実の形が雄犬のそれに似ているところからつけられたと言う。

13.3.24 山室

8―ホトケノザ **仏の座**

オオイヌノフグリと並んで春を告げる早春の草花。対生する２枚の葉を、仏の座る蓮華座に見立てて名前がついた。葉が段々につくことからサンガイグサ（三階草）とも呼ばれる。道端や土手に群生しているとレンゲの花のように見える。

13.3.24 山室

12.4.15 小泉

9—ワサビ　山葵

　根茎が日本独自の香辛料、山間の渓流砂礫地に生える。8 ～ 10㎝の叢生する葉っぱの間から早春に 20 ～ 30㎝の地上茎が伸び、先端に数個の4弁の白花をつける。各地の山間地で栽培もされているが、伊吹山から流れる渓流で、野生のものも見られる。

11.3.31 下板並

10―アズマイチゲ　東一華

関東で見つけられたので、東一華と名づけられたのであろうが、伊吹の山麓にも群生地がある。１本の茎に白い清楚な花をつける。花期が短く、しかも日差しがないと、いっぱいに開いてくれないので、撮影チャンスに恵まれることが少ない。

13.3.20 大久保

13.3.31 大久保

11―ヒメオドリコソウ　姫踊子草

明治時代中期に帰化した外来植物。日本古来のオドリコソウは、花の形が菅笠をかぶった踊り子に似ていることからつけられた名前だが、ヒメオドリコソウは、形は似ているものの、草丈は小さい。どこにでも侵入する雑草として知られている。

12―セントウソウ　先洞草

春先、他の草花の先頭に立って花が咲く。極く小さい白い５弁の花。葉は３つに分かれた複葉でニンジンに似ている。オウレンダマシとも言われるが、葉が薬草として珍重されるセリバオウレンに見間違われることから。大久保長尾寺の散策路でもたくさん見られる。

08.4.20 3合目

13—カタクリ　片栗

「春の妖精」と呼ばれている仲間だが、セツブンソウなどの花が終わるころに、やっと小さな葉が１枚出て、そばからもう１枚の葉が伸びてくる。１枚だけのものは花をつけない。紅紫色の優美なユリのような花は、日中開き、夕方には閉じる。山麓や３合目、北尾根などに群生地がある。

10.4.15 大久保

08.4.13 大久保

14—トウゴクサバノオ　東国鯖尾

　この草の果実がサバの尾の形に似ているところから名前がついた。大久保長尾寺の散策路で見つけることができるが、何せ小さい花で、よほど群生してくれないと、気づかずに通り過ぎてしまう。

09.4.12 3合目

15―アマナ　甘菜

白い花びらが6枚、花びらの裏には紫色の筋が入る。晴れた日には、いっぱいに開いてくれて、3合目はアマナだらけになる。しかし、日が陰るとすぼんでしまう。球根がかつては食用に供された。

16—ヒロハノアマナ　広葉甘菜

花はアマナとほとんど変わらないが、葉が少し広く、中央に白い縞が入る。林道２合目の松尾寺の境内に群生する。アマナと同じく、これも日が差さないと花びらを開いてくれない。

09.3.31 2合目

09.5.31 山頂西遊歩道

17—ホソバノアマナ　細葉甘菜

葉が細く、花びらもアマナに比べると細く、華奢な感じがする。僅かしか見られない希少な種とのことであるが、山頂西遊歩道で見つけることができた。

13.3.24 大久保

18—キバナノアマナ　黄花甘菜

　セツブンソウが群生する大久保の畑に、セツブンソウに続いて開花する。しかし、日差しがないと開いてくれないので、晴れの日の午後２時か３時まで待たねばならないことが多い。３合目の草地にも群生する。

19—ヤマネコノメソウ

山猫目草

山麓のいたるところ、３合目の草地にたくさん生えている。林床、林縁部など、やや湿ったところを好む。光沢のある種子が見えた状態が猫の目に似ているからの命名である。

09.3.29 大久保

12.5.5 五色の滝

20—ヒダボタン 飛騨牡丹

岐阜県の飛騨地方で発見された比較的新しい種とのこと。主に岐阜、福井などの豪雪地帯に生育し、滋賀県では霊仙山と五色の滝でのみ見られる。高さは10㎝程度で、黄色い葉とガク裂片に赤いシベが特徴的である。

10.5.4 北尾根

21―アカヒダボタン　赤飛騨牡丹

ネコノメソウの種類は多いが、笹又コースや北尾根ではアカヒダボタンに出会うことができる。葉の形が牡丹に似ていて、茎の先端に赤褐色の小花（ガク片）をつける。類似のボタンネコノメソウと比べて雄しべがガク片と同長と長く、赤褐色が鮮やかである。

10.5.4 北尾根

08.4.6 大久保

22―ミヤマカタバミ　深山傍食

ハート型の３枚の小葉から花柄が出て、直径３㎝ぐらいの一輪の白い花をつける。日差しの少ない林間に生える。写真の白花は大久保長尾寺の散策路でのものだが、北尾根（北）ではピンク色の花を見つけることができる。

伊吹山花散歩コース(1)

山麓、長尾寺

伊吹山花散歩は、早春の山麓から始まる。雪解けとともに姉川の上流の集落からセツブンソウの開花情報が伝わってくる。米原市大久保では、集落あげて山野草の保護に努力されていて、平成 21 年からは、開花時期に合わせた「セツブンソウ祭り」も開催されている。大久保にある長尾寺は古く伊吹山四大護国寺遺跡だが、廃寺跡を巡る遺跡散策路が整備されていて、いろんな山野草に出会えて楽しい散歩コースとなっている。3月から5月の始めにかけてのお奨めコースである。

09.3.12 大久保

08.4.20 3合目

23―ヤマエンゴサク　山延胡策

高さ20～30cmの１本の茎にたくさんの花をつける。何とも奇妙な、よく見ると可愛い顔をしているが、花の色は赤紫から青紫までバラエティーに富んでいる。３合目や山頂東遊歩道にも群生する。

13.3.29 グリーンパーク山東

24—ショウジョウバカマ

猩々袴

　早春、ロゼット状に広がった葉の中心から蕾が顔を出し、花茎がどんどん伸びつつ開花する。茎の先に3～5個の紅紫色の花を総状につける。花を猩々《しょうじょう》の赤い顔、葉の重なりが袴に見立てられた。

13.3.31 グリーンパーク山東

25―イワナシ　岩梨

林の斜面などに見られる常緑の小低木。枝は地上を這い、高さは10～25㎝。4月になると枝先に約1㎝、淡紅色の筒形花を数個つける。6～7月には甘酸っぱい梨のような実を熟す。

13.3.31 大久保

26—ヒトリシズカ　一人静

山麓にも咲いているが、３合目雑木林の西側斜面や北尾根でも多く見られる。義経伝説に謡われる静御前の舞姿を思わせ、優美な名前がつけられた。白い花は雄しべの花糸で、花びらを持っていないとのこと。

13.5.3 五色の滝

27―ミヤマキケマン　深山黄華鬘

華鬘とは花の輪を形どった飾り物のことで、寺院のお堂の中を飾るもの。この花がその形に似ている。伊吹山麓の各地や、ドライブウェイ沿線、国見峠道のところどころに群生する。

10.4.29 弥高

28―ムラサキケマン　紫華鬘

高さは30〜50cmほど、長さ2cmの赤紫色、独特の筒状花をたくさんつける。花の先端が濃紅色になり、上側の花弁の後部がふくらみ、距となる。湿った木陰を好み、伊吹山麓から山頂にかけて、どこにでも見られる。

29—イチリンソウ　一輪草

20～30cmの茎の先端に、一輪の径4cmぐらいの白花をつける。葉が3枚輪生して葉柄があること、花がやや大柄であることなどで、ニリンソウと鑑別する。3合目では、登山道脇や雑木林の西側斜面などで見られる。

08.4.29 3合目

12.5.13 山頂東遊歩道

30—ニリンソウ　二輪草

1株から2輪の花が咲くことからの命名だが、必ずしもそうではなく、上下に離れたり、時期を違えたりして開花する。伊吹山では3月から5月にかけて、山麓から頂上へと順番に開花してゆく。白い花びら（ガク）の裏は、ほのかに紅色を帯び、一層可憐さを増している。

09.5.10 北尾根

31—フタバアオイ　双葉葵

ハート型の２枚の葉の間から出た花柄の先に、暗赤色の壺型をした花をつける。伊吹山では北尾根で見られる。ハート型の葉は、ご存じ徳川家の紋どころとして使われている。

13.4.18 グリーンパーク山東

32—オオイワカガミ　大岩鏡

和名の由来は光沢のある円形の葉っぱ、これが手鏡に似ていることによる。4月下旬には花茎を伸ばし、3～10個の花をつける。花は淡紅色で美しく、直径約1.5cmの漏斗型で5裂し、先が更に細かく裂ける。

11.5.3 北尾根

33—トクワカソウ　徳若草

高山の樹林帯に生える多年草。柄のついた厚く艶のある葉は丸く、団扇のようであるが、基部が心形のもの(イワウチワ)とくさび形のもの(トクワカソウ)を区別する。春、雪どけを待って国見峠からの北尾根登山道脇に、ピンク、白と見事に群生してくれる。

09.4.29 笹又コース

34—ヤマルリソウ　山瑠璃草

地面を這うように横に伸びた茎の先に、花が上向きに咲く。花は小さく瑠璃色で、とても可愛い。笹又コースの１ヶ所に群生地があるが、伊吹山では他に、上平寺やドライブウェイ沿いでも僅かに出会える。

35―ハルトラノオ　春虎の尾

北尾根を歩いていた時、他のグループのリーダーの方に教えていただいて撮影できたのが最初であった。春に虎の尾のような花穂を立てることからの名称であろう。北尾根以外ではあまり目にすることができていない花である。

10.5.2 北尾根

11.5.15 北尾根

36―フッキソウ　富貴草

草ではなく常緑の低木。株がどんどん増えていく様子を富が増すとみなし、白い宝石のような実がつくことから、如何にもおめでたい名前がついた。3合目と北尾根で見つけることができる。

37—トキワイカリソウ　常盤碇草

花は船の碇に似ていて、山野草の愛好家に親しまれ、盆栽に仕立てられたりしている。漢方薬の代表的なものの一つで、強精剤としての薬効があるとされている。山麓や３合目の雑木林の中にたくさん咲いてくれるが、中には白花もある。

09.4.23 3合目

09.5.5 3合目

12.6.3 山頂東遊歩道

38—フデリンドウ　筆竜胆

つぼみの形が筆に似ている。花の直径は2㎝足らずで、春先にススキなどの枯葉の間から顔を出す。日が陰ると閉じてしまうので、うっかりしていると見逃してしまう。5月のはじめに、3合目の草地や、笹又コースで見るが、5月の下旬には、山頂東遊歩道でも見つけることができる。

39—エンレイソウ　延齢草

3枚の大きな葉っぱが広がった真中から、褐紫色の目立たない小さな花びらがついている。日陰の湿っぽいところに自生する。以前は薬草として利用された。3合目や北尾根でたくさんお目にかかる。

13.5.12 山頂

10.5.2 北尾根

40—ハシリドコロ　走野老

猛毒があり、食べると狂って走り回るほどの幻覚を起こすと言われる。暗紫色の筒型の花が、ぶらさがるように下向きについている。伊吹山では、北尾根で僅かに見つけることができる。

13.5.26 山室湿原

41—オヘビイチゴ　雄蛇苺

ヘビイチゴのように赤い実でなく、地味な茶色の実をつける。花はヘビイチゴとそっくりだが、葉が５枚あるので、区別できる。４月から５月にかけて、野原や田の畔などの湿ったところに、地を這うように生える。

13.5.3 五色の滝

42—コキンバイ　小金梅

山地の林内に生える。高さは10㎝ほどで、地中から３小葉の根生葉と花茎を出し、茎の先に直径２㎝ほどの黄色い花をつける。花弁は５個、キジムシロやヘビイチゴに似ているが、葉の切れ込みや葉脈の模様で区別できる。

43—ツルキジムシロ　蔓雉莚

イチゴのように、根元からランナーを伸ばして繁殖する。５枚の花弁は鮮やかな黄色で、よく目立つ。山麓から山頂のあちこちでお目にかかる。伊吹山には匐枝を出さないキジムシロも生えている。

08.4.29 2合目

11.4.29 弥高

44—ミツバツチグリ　三葉土栗

４月から５月にかけて、山麓から山頂にかけ生え、高さは15～30㎝。葉は３小葉からなり、楕円形で鋸歯がある。地下茎が栗のように丸いが、食べられない。早春に咲くキジムシロの仲間はよく似ていて鑑別が難しい。

11.5.15 北尾根

45—ザゼンソウ　座禅草

法衣をまとったような独特の形が、座禅を組む僧侶の姿を連想する。その背後に大きな葉っぱが伸びる。伊吹山では静馬が原に至るドライブウェイ沿いのガレ場や北尾根に多く自生している。

46—ウスバサイシン　薄葉細辛

ハート型の２枚の葉っぱを見つけて、その根元の落ち葉を少し除けると、茶色の花が出てくる。根を干したものを細辛と呼び、煎じてかぜ薬にしたとのこと。３合目西側斜面の雑木林などでも見つけることができる。

11.5.15 北尾根

13.4.18 上平寺

47—ミヤコアオイ　都葵

春、長さ５～８㎝の卵円形の葉を展開する。葉の表面には雲状の白っぽい班が入る。４月になると、半ば土に首を突っ込んだように、下向きに筒状の花をつける。花のように見えるのはガクで、ガク筒の先は急にくびれて３裂している。上平寺、京極氏館跡で見つかる。

13.4.7 北方

48—カキドオシ　垣通し

垣根も通り越して伸びて行くとの名のとおり、繁殖力が強い。マクロレンズで覗くと、けっこう怖い顔をしている。山麓のお家の石垣でも見るが、春の３合目の草地や笹又の登山道脇にもびっしりと生える。

09.5.3 笹又コース

49—キランソウ　金瘡小草

地上を這うように広がる茎から、濃い紫色の唇型の花が開く。弘法大師が広めたという薬効があるため、地獄の釜の蓋をするほどの効き目と、「地獄の釜の蓋」の別名がある。

11.4.21 上平寺

50—ニシキゴロモ　錦衣

キランソウと大変よく似ているが、キランソウが地面を這うように広がるのに対して、ニシキゴロモは葉茎が立ち上がり、全体に毛深くない。上平寺尾根の日当たりのいい斜面に生えている。

11.5.7 大久保

51—シャガ　著我

上野の登山道の入り口や笹又コースの登り口など、あちこちに群生している。古い時代に中国から渡来したと言われ、深山では見かけず、人里近くの日陰に野生している。日本のアヤメ科の中では唯一の常緑種。

11.5.3 大久保

52―ラショウモンカズラ　羅生門蔓

花が羅生門の鬼伝説で、渡辺綱が切り落とした鬼の腕に似ているところからの命名である。笹又コースや北尾根を行くと、大柄の紫花を見つけることができる。

10.5.9 大久保

53―チゴユリ　稚児百合

　茎の先端に直径２㎝足らずの可憐な白花が、うつむきかげんに咲く。３合目や山頂にも咲くと案内されているが、３合目では中々見つけることができなかった。北尾根では群生していて、十分堪能することができた。

09.5.10 北尾根

54—ヒメレンゲ 姫蓮華

星形の小さい黄色い花。目につく10個の赤い点は、雄しべの葯。乾燥した岩の上でも生きる山野草で、山頂遊歩道の岩陰や北尾根の登山道の岩に、へばりついて咲いている。花期後、花茎の基部からランナーを出し、先端の葉がロゼットをつくって越冬するとのこと。

09.5.10 北尾根

55—ルイヨウボタン

類葉牡丹

葉の形が牡丹に似ている。茎の先端に10個ほどの花がつくが、花びらに見えるのはガク片で、中央の小さい6枚が花びらである。北尾根で木漏れ日を受けて群生する。

11.5.15 北尾根

56—サンカヨウ　山荷葉

ハスの葉のような大きな葉っぱの上に、直径1㎝ぐらいの白い小さな花をつける。雄しべの黄色と中央の雌しべの緑が印象的。伊吹山では、北尾根のほか、山頂に至る東遊歩道の起始部でも群落を形成している。

12.5.27 山頂東遊歩道

10.5.16 北尾根

57—ヤマブキソウ　山吹草

花がヤマブキに似ているが、鮮やかな山吹色でも花弁は４枚で、５枚のヤマブキと異なる。こちらはクサノオに似たケシ科の多年草である。北尾根で見つけることができる。

08.4.27 3合目

58—ヤブレガサ　破れ傘

茎は50㎝近くまで伸び、30㎝ほどの幅に、破れた傘のような形に葉が開く。春先に綿毛をかぶった若芽を摘み取り、天ぷらにしたり、おひたしにして食べたと言う。３合目の林下で見つけることができる。

12.5.5 ドライブウェイ

59—ヤマブキ　山吹

晩春の山中に生え、花の色が「やまぶきいろ」と呼ばれる鮮やかな黄色。しなやかな枝が風に揺れる様子から「山振」の字があてられ、山吹になったとも言われる。花の直径は2～3㎝、花弁は5枚。伊吹山山麓のあちこちで見られる。

10.5.30 北尾根

60—チャルメルソウ　哨吶草

北尾根で、奇妙な花に遭遇した。後で調べて、これがチャルメルソウであることが分かった。果実の形がラーメン屋の吹くチャルメラに似ていると言う。茎の高さは40～50cmで、赤色の小さい花をたくさんつけていた。

13.5.3 五色の滝

61—コチャルメルソウ　小哨吶草

湿った沢沿いの苔むした岩上でも生育する。葉は広卵形。春に長い花茎を立て、まばらに小さな花を10個ほどつける。花弁は5枚で、緑色から紅紫色。魚の骨のように広がり、花びらにはとても見えない。五色の滝で見つかる。

12.5.27 北尾根

62―クサボケ　草木瓜

草と名づけられているが落葉低木である。秋には小さな果実をつけ、戦時中は子供たちのおやつにもなったとのこと。新緑の中での動脈血のように赤い花は一際目立つ。３合目の草地では、枯草の下にも広がっている。

08.5.18 3合目

63—ホタルカズラ　蛍蔓

３合目の北側にある小山に登る道沿いに群生する。青紫色の直径1.5㎝ぐらいの小さい花には、白い５本の筋がある。草地に点々と咲くので、光るホタルを連想する。花の色は青紫から赤紫色。花後に長い枝を這わせて広がっていく。

64—ハナイカダ　花筏

　ミズキ科の落葉低木。別名嫁の涙とある。1.5 m ぐらいの木の葉っぱの中央に、１～２個または数個の花が咲く。花名は花を乗せた葉っぱが筏に見えるからであろう。３合目の雑木林の中で見つかった。

08.5.18 ３合目

12.5.27 ドライブウェイ

10.5.16 北尾根

65—ヤマトグサ　大和草

日本の固有種で、牧野富太郎氏が初めて学名をつけた。10～15㎝の背丈で、花は淡緑色。雄花は節ごとに１～２個つき、３個のガク片はくるりと巻き、多数の雄しべが垂れ下がる。貴重種であるが、慣れてくると結構見つかる。雌花は小さくて目立たない。

66—ツクバネソウ　衝羽根草

秋になると羽子板で衝く羽のような花を咲かせる。花びらがないので目立たないが雄しべが８本、雌しべは１本で、４つに分かれている。北尾根で見つけた。

11.6.19 山頂

12.5.20 山頂西遊歩道

67—ハクサンハタザオ　白山旗竿

花茎の先端に、白い十字形の４枚の花弁をつける。花の直径はせいぜい１㎝ぐらいしかない。白い十字形の花を咲かせるのは、他にイブキハタザオ、スズシロソウがある。

68—イブキハタザオ　伊吹旗竿

ハクサンハタザオの変種とされているが、伊吹山で最初に発見された。花はハクサンハタザオそっくりだが、茎や葉全体に短毛（星状毛）が生えている。日当たりのいい岩場を好んで生育する。

13.5.3 五色の滝

69—ツルシロカネソウ 蔓白銀草

10～15㎝の茎の先に、ニリンソウなどより一回り小さい可憐な白い花を開く。花びらに見えるのは実はガクで、黄色い点に見えるのが花弁だとのこと。4月～6月と花期は長い。五色の滝への道で僅かに出会うことができる。

12.5.17 上板並

70—エビネ　海老根

地表近くにできる根茎が、海老のように曲がって連なり、花茎を伸ばしてたくさんの花を咲かせる。野生のものは減少し、伊吹でも今では、北尾根で僅かにお目にかかることができるだけになっている。上板並の室谷様は、山で採取したエビネを大切に育ててくれている。

12.5.13 ドライブウェイ

71―イブキガラシ　伊吹辛子

　ヤマガラシの一種で、60cmにも成長する。茎を直立し、上部はいくつにも分かれて、菜の花のような黄色い花をつける。5月の中頃からドライブウェイ沿いを山頂にかけて、勢いよく咲き登って行く。

72—タチツボスミレ　立坪菫

日本を代表するスミレで、野原から山林までどこにでも咲き、環境への適応の幅は広い。ハート型の葉っぱに２cm足らずの淡紫色の花をつける。伊吹山では山麓から３合目、北尾根など広い範囲で見られる。

11.4.29 上板並

11.5.7 3合目

73—コスミレ　小菫

人里周辺に多いスミレの一つで、あまり背丈が伸びないことからきた名前だが、必ずしもスミレより小型とは限らないとのこと。花の色や形態にも変化が多い。３合目で出会った。

12.4.29 弥高百坊跡

74—シハイスミレ 紫背菫

葉の裏が紫色を帯びるのが特徴だが、変異が多様であると言われている。花は直径1.5㎝と小さく、淡紅紫色から濃紅紫色。長円形から披針形の葉を斜め上に伸ばすのが特徴。弥高百坊跡に多い。

11.4.17 上平寺尾根

75―アケボノスミレ　曙菫

鮮やかな紅紫色の花の色から、曙の空を連想する。地味なものが多いスミレサイシンの仲間では、最も華やか。明るい乾いた雑木林を好み、弥高百坊跡や上平寺尾根で出会える。

伊吹山花散歩コース(2)　弥高、上平寺

登山口の上野から少し南に下った米原市弥高からは、林道を使って伊吹山四大護国寺の一つ弥高百坊跡に達する道があるが、同じく米原市上平寺から、伊吹神社の横を通って尾根伝いに上平寺跡に至る道がある。この二つのルートは合流して伊吹山５合目に通じている。伊吹山には二十数種類のスミレが自生すると言われているが、いずれかのルートで弥高百坊跡に達し、５合目を経由して３合目に下るコースは、スミレの観察に欠かすことができない。ゴールデンウイーク、元気な方には是非とも挑戦していただきたいコースである。

11.5.7 3合目

11.4.24 弥高百坊跡

76—エイザンスミレ　叡山菫

葉の裂けるスミレは日本には3種類しかないとのこと。エイザンスミレはそのうちの一つで、葉は深く3裂する。花は比較的大きく淡紅紫色で、紅色の筋が入る。和名は叡山に生えるという意味だが、各地に見られるという。

77—ヒゴスミレ　肥後菫

エイザンスミレのように葉が裂けているが、さらに細かく避け、ほぼ5裂している。10㎝ほどの背丈の花茎の先に、直径2㎝ほどの気品のある白色の花をつける。弥高百坊跡で出会った。

78—フモトスミレ　麓菫

　やや暗い林中を好み、白い花で、スミレの仲間では小さい。唇弁には紫色の筋が入る。卵形の葉が水平に開いているが、葉の表面は濃緑色で裏面は紫色を帯びる。弥高百坊跡に多い。

12.4.29 弥高百坊跡

79—フイリフモトスミレ
斑入麓菫

　斑入りとは、もともと緑色一色の葉の一部に白色、黄色などの模様が入ることを言い、突然変異によるものとされている。フモトスミレにもこれがあり、濃緑色の葉の葉脈に沿って白色の斑が入っていものをフイリフモトスミレと言う。弥高百坊跡で見つけた。

12.4.29 弥高百坊跡

11.5.7 3合目

80—イブキスミレ　伊吹菫

初々しい乙女のような気品のある淡紫色の花。植物学者の牧野富太郎が、伊吹山で初めて見つけて命名したという。３合目の雑木林の中で、基部が巻いた円心形の葉っぱと特徴的な花に出会えて興奮した。

12.4.24 上平寺

81—スミレサイシン　菫細辛

　先がつまんだように尖った心形の葉に、やや大型の淡紫色の花がつく。伊吹神社から上平寺尾根に向かう道筋や京極家の館跡に咲いている。半日陰の落葉樹林下などを好むという。

09.5.5 3合目

10.5.9 山頂

82—ニオイタチツボスミレ 匂立坪菫

花弁が重なるように咲き、濃紫色で、花の白い中心部が鮮明。タチツボスミレの仲間では最も華やかなもの。名前の通りだといい香りがするはずである。弥高百坊跡でも出会える。

83—オオタチツボスミレ 大立坪菫

花はタチツボスミレよりやや大型。距が白いのが見分けるポイントとされている。葉も丸みが強く、明るい緑色で葉脈が凹んでいる。五色の滝の登山道脇のところどころには群生している。

13.6.2 3合目

84—エゾノタチツボスミレ 蝦夷立坪菫

背丈が20～30㎝になる大型のスミレ。花は淡紫色で小さく、あまり目立たない。伊吹山では、３合目の登山道脇に群生している。北海道と本州中部以北に見られ、伊吹山が南限とされていたが、最近岡山でも発見されたという。

11.6.5 北尾根

13.6.2 3合目

85―ニョイスミレ　如意菫

湿り気のある山野の、どこにでも普通に見られ、開花はスミレの仲間では最も遅い。心形の葉っぱから花茎を伸ばし、直径１㎝ほどの小さな白色の花をつける。唇弁には紫色の筋が入っている。

86―アギスミレ　顎菫

背丈は10～20㎝。ニョイスミレの変種で、湿地や水辺などに生える。花期には心形の葉が、花後に基部が深く湾入してブーメラン型になるという特徴がある。和名は、この形を顎《あご》にたとえてつけられた。３合目でも見つかる。

13.5.6 奥伊吹スキー場

87—オオバキスミレ　大葉黄菫

葉が大きく黄色のスミレ。本州中北部の多雪地帯に生える。伊吹山系では曲谷以北に見られる分布上重要種（滋賀県版RDB）。茎が10㎝ぐらい立ち上がり、花弁は黄色く、褐色の模様がある。奥伊吹スキー場ゲレンデの沢沿いで見つかる。変種にミヤマキスミレがある。

夏

13.5.26 大野木

1―キンラン　金蘭

日本の野生蘭の一つで、かつては雑木林や里山の林下のどこにでも見られた花であったが、今や絶滅を危惧されている。高さ30～50㎝、茎の先に金色の花を数個つける。大野木の裏山に僅かに咲いているのに出会えた。

13.5.26 山室湿原

2—カザグルマ　風車

沢や湧水池などの湿った所に自生する蔓性の植物。花は風車のようで、直径10cmもある。ガク片が８枚、中に紫色の多数の雄しべがある。園芸植物として知られるクレマチスは日本のカザグルマがヨーロッパへ伝えられ、交配を重ねて作り出されたものだという。

13.6.16 山室湿原

3—モウセンゴケ　毛氈苔

北半球の温帯を中心とする湿原に分布する。葉に腺毛があり、粘液を分泌して虫を捕える、ご存知の食中植物である。葉は赤色で、これが緋毛氈に例えられた。７月になると、花茎を伸ばし、先端に白い花を咲かせる。

13.5.26 大野木

4—ギンリョウソウ　銀竜草

大野木の小林様に案内していただいて、裏山を歩いた。ギンリョウソウが落ち葉を持ち上げて伸び上がっていた。腐生植物で、葉緑素を持たず、全体が銀白色で、鱗のような葉がついた茎の先に、釣鐘のような花がついている。その奇妙な形からユウレイタケとも呼ばれる。

10.6.6 3合目

5―オドリコソウ　踊子草

高さは30～50㎝ぐらいで、葉のふちにはギザギザがあって、シソの葉に似ている。茎の上部に3㎝ほどの唇型の花を数個輪生状態につける。花の色はピンクか白で、笠をかぶった踊り子たちが並んだ姿。5月になると山麓から3合目、そして山頂へと咲き登る。

12.6.3 山頂

6―ウマノアシガタ　馬の脚形

　黄色の５枚の花弁には光沢があり、初夏の陽光がピカッと反射する。根生葉の形が馬のひずめに見立てられたらしいが、別名はキンポウゲ。山麓から５月には３合目、６月には山頂へと群生地が登ってゆく。

7—アマドコロ　甘野老

背丈は60㎝ほどだが、茎の下から上まで、鈴なりに花をつける。伊吹山では３合目の草地に、ナルコユリに１週間ほど先がけて咲く。花もナルコユリに似ているが、茎が角ばっているところで見分けられる。

09.5.19 3合目

09.6.2 3合目

8—ナルコユリ　鳴子百合

百合のような葉っぱの脇から出る花柄が枝分かれして、そこに３～５個の瓢箪型の花を吊るす。花は薄緑色で、長さは２㎝ほど。北尾根では、高さが２ｍにもなるオオナルコユリも見られる。

9—ホウチャクソウ　宝鐸草

お寺の軒の四隅に吊るされる宝鐸《ほうちゃく》に似ている。６枚の花びらで構成される花は開かず、筒状のまま。山頂東遊歩道のほか、３合目の雑木林や北尾根でも見つけることができる。

10.6.13 山頂東遊歩道

12.6.3 山頂

10—ユキザサ　雪笹

広い卵形の互生する葉っぱの間から、花茎が伸び、先端に白色の小花を円錐状に多数つける。白い花が雪、葉が笹のようである。山頂東遊歩道や北尾根に多い。

09.6.2 3合目

11―タニウツギ　谷空木

サオトメバナなどの別名があるように、田植えの時期に美しいピンク色の花を咲かせる落葉低木。6月に入って伊吹山ドライブウェイ脇のそこここに満開の枝を垂れている。

13.6.23 ドライブウェイ

12―ヤマボウシ　山法師

初夏に特徴のある花を咲かす。4枚の花弁のように見えるのは総苞《そうほう》で、その中心に多数の花がつく。白い頭巾を被った山法師を連想する。秋にはイチゴのような果実ができる。

12.6.12 伊吹

13.6.16 伊吹

13—イチヤクソウ　一薬草

薬草にすることからこの名がある。葉は根元に集まってつき、楕円形で葉脈の部分の緑色が薄くウメガサソウに似ているが、鋸歯《きょし》は目立たない。葉の間から20㎝ほどの花茎を立て、上部に直径1㎝ぐらいの白花を数個つける。

14—ウメガサソウ　梅笠草

名前の由来は、花の形が梅に似ていて、笠のように下向きに咲くことから。葉の葉脈の部分の緑色が薄く、模様になっているのが特徴。6月に花茎を伸ばして、直径1㎝ぐらいの白花を5～6個つける。

15—スイカズラ　吸い葛

５枚の花びらが特徴的で、４枚が上側に反り返り、１枚が下に広がっているので、手のひらのように見える。花の色が白から黄色に変わるので、金銀花とも言われる。３合目でも出会える。

13.6.9 山室湿原

13.6.2 1合目

16—ノコギリソウ　鋸草

日本に自生するノコギリソウの葉は切れ込みが浅く、厚くて硬い。明治時代にヨーロッパから渡来した園芸種は、赤や黄色など、色とりどりの花を咲かせるが、日本の自生種は、ほとんど白一色。1合目の草地で見つけた。

13.6.23 ドライブウェイ

10.5.30 北尾根

17—ヒメウツギ　姫空木

高さ１ｍほどの落葉低木。日本原産の植物で、関西以西に分布する。初夏、枝先にたくさんの白い小花を下向きに咲かせる。古くから庭木としても利用されてきた。ドライブウェイ脇のところどころに咲いている。

18—コンロンソウ　崑崙草

和名は、この花が咲いている様子を中国の崑崙山脈に降り積もった白い雪にみたててつけられたと言う。背丈は 40 ～ 70㎝。白い十字の花をまとめてつける。北尾根に群生する。

13.5.26 山室湿原

19—トキソウ　鴇草

20㎝ほどの花茎の先端に淡い紅紫色の一輪の花を咲かせる。その色合いをトキ（朱鷺）の羽色に見立てての命名。日当たりのいい湿地に自生するが、山室湿原でも出会うことができる。

09.6.7 北尾根

20—フタリシズカ　二人静

比較的暗い所を好み、群生する。花は粒状の雄しべだけで、花弁とガクは退化したと考えられている。寄り添うような形が、義経を慕う静御前とその亡霊の舞姿にたとえられた。

09.7.12 北尾根

21—イブキタイゲキ　伊吹大戟

タカトウダイの変種で、50～60㎝の高さになる。茎の頂部に花茎を放射状に伸ばす。海の灯台というより、仏具の輪灯を連想する。全草にわたり有毒で、根は漢方薬の大戟《たいげき》。

10.6.6 3合目

22—アヤメ　文目

「いずれアヤメかカキツバタ」と、区別が難しいとされているが、前面に垂れ下がる花びらにある文目模様が何よりの特徴。３合目の草地に群生する。ノハナショウブやカキツバタが湿地を好むのに対して、乾いた草地を好むからだと思われる。

08.6.8 1合目

23—ニワゼキショウ　庭石菖

北アメリカ原産の帰化植物で、菖の名があてられるように、アヤメ科の植物。直径５㎜ぐらいのきれいな花をつける。花には白と紫があるが、１日ですぼんでしまう。１合目の、冬場はゲレンデになる草地で群生しているのを見つけた。

10.6.27 3合目

08.5.18 3合目

24—ミヤコグサ　都草

形はエンドウに似ているが、鮮やかな黄色の長さ1㎝ぐらいの小さな花。地面を這うように広がるので、目立たず、保護しないと踏まれてしまいそう。3合目の登山道脇に多い。

25—イブキノエンドウ　伊吹の豌豆

ヨーロッパ原産の外来植物で、北海道と伊吹山にしか見られない。花はカラスノエンドウに似ているが、莢が短く、幅が広い。織田信長がポルトガルの宣教師に薬草園を開かせた時に来たものと伝えられている。

13.6.13 山室湿原

26—カキラン 柿蘭

背丈は 40 ～ 50㎝になり、葉は笹のような形。花は熟れた柿のような明るいオレンジ色で、一本の茎に 10 輪ほどつく。日当たりのよい湿地に育ち、春に芽を出して、梅雨ごろに花を咲かせる。山室湿原で出会える。

27—ノギラン　芒蘭

湿原の周辺など、やや湿ったところに生育する。葉はショウジョウバカマのように根生している。クリーム色の花を咲かせるが、穂状に集まって、麦の穂に似ている。学問上はランの仲間ではなく、ユリ科だとのこと。

13.7.11 山室湿原

ハッチョウトンボ
13.6.30 山室湿原

28—コバノトンボソウ

小葉の蜻蛉草

湿った林の中や湿原に生える。葉は下の方に集まり、20㎝ほどの直立した茎の上の方に、小さな淡い緑色の花をたくさん咲かせる。花は舌状で、唇弁が３つに裂けてＴ字形になり、トンボに似ている。なおこの湿原には、体長２㎝、世界最小のハッチョウトンボが生息している。

13.6.23 山室湿原

09.6.7 北尾根

29―コケイラン　小恵蘭

茎の高さは30～40㎝、茎の先から長さ１㎝の黄褐色の花を総状につける。唇弁は白色で、紅紫色の斑点がある。湿った林内を好み、北尾根で出会うことができる。

11.6.19 山頂

30―ノビネチドリ　延根千鳥

50～60㎝の直立した茎に、たくさんの花がつく。花は淡紅紫色で、千鳥が乱れ飛ぶような可憐な姿。伊吹山では山頂で僅かに見ることができる絶滅危惧種（滋賀県版RDB）である。

13.6.2 3合目

31―タツナミソウ　立浪草

茎が基部で折れ曲がって直立し、その先端に花をつける。下唇に紫色の斑点をもつ花は、一方向に並び、この形が寄せてくる波頭に似ている。3合目の草地で出会える。

10.6.6 1合目

11.6.26 3合目

32―オカタツナミソウ　丘立浪草

　タツナミソウの花は、縦に何段も重なって咲くが、オカタツナミソウは、むしろ横に広がる。日陰の場所を好み、3合目に至る登山道や、3合目の林間で出会える。

33―ヤマタツナミソウ　山立浪草

　花はタツナミソウに似て筒状の唇形だが、こちらは一方に偏って縦に並び、2個ずつ同じ方向を向く。3合目の草地のところどころで見つけることができる。

10.6.13 山頂

34—タチイヌノフグリ

立犬の陰嚢

オオイヌノフグリは、地面を這うように茎を伸ばすが、こちらは真っ直ぐ立ち上がるように茎を伸ばす。花は小さくて目立たない。しかも、晴天時の数時間しか開かない。北尾根の登山道でも見かける。

10.6.27 3合目

35—クララ　眩草

根を噛むとクラクラするほど苦いことから、クララ草と呼ばれ、転じてクララになったと言う。小人たちの靴のような形の花が、鈴なりについている。根は苦参《くじん》と言う生薬で、３合目に自生する。

36—キバナノレンリソウ

黄花連理草

ヨーロッパ原産で、織田信長が薬草として持ち込んだという伝説の植物。伊吹山だけに生育する。２個の長楕円形の小葉が向き合ってつき、蝶形の黄色の花をたくさんつける。

08.6.8 1合目

10.6.13 山頂

37—グンナイフウロ　郡内風露

山梨県の大月を中心とした郡内地方に多いと言うが、各地に分布し、伊吹山がその南限とされている。薄紫色の花弁が雨に濡れ、逆光に透けると大変美しい。

08.6.24 3合目

38—ウツボグサ　靫草

ウツボとは矢を入れる竹かごのこと。その形に似ている。花穂に唇型の花を密集してつけるが、夏には枯れるので、夏枯草とも呼ばれる。漢方で消炎、利尿剤として使われた。伊吹山では山麓から頂上まで、どこででも見られる。

09.6.14 山頂

39—コバノミミナグサ　小葉の耳菜草

伊吹山の石灰岩地帯にのみ生息する特産種。花びらの先が２分するのが特徴で、ハコベに似た白花。ミミナグサに比べて花が大きく、葉が小さい。見晴らしのいい山頂の石灰岩地帯の一部に群生する。

13.6.23 山頂

08.6.7 3合目

40—クサタチバナ　草橘

柿の葉のような葉っぱの間から、40～50cmの茎が直立して、先にミカンの花に似た5弁の花をつける。山頂西遊歩道でも東遊歩道でも、ところどころに群生している。

41—キバナハタザオ　黄花旗竿

十字の4枚花はアブラナ科の特徴だが、空に伸びて行くという意味で、旗竿といいう名がついている。ハタザオの中では最も背が高くなり、中には1mを超えるものもある。3合目の雑木林を出たところでお目にかかった。

08.6.24 3合目

08.6.28 3合目

42—ササユリ　笹百合

葉は笹の葉によく似ているが、長さ10cmもある立派な花を咲かせる。色は淡いピンクと白があり、香りが強い。３合目高原ホテル前や、４合目に続く登山道脇の草地の中に点在して咲いてくれる。

11.6.26 3合目

43―ハンショウヅル　半鐘蔓

蔓性の植物で、木陰や林の縁に生える。花の形が半鐘に似ていて、茶色い花を、下向きにぶら下がるようにつける。紅紫色になる花びらに見える部分はガクで、つぼみは先端から４つに裂けて開く。３合目の雑木林の中で見つかった。

13.6.2 3合目

44—コナスビ　小茄子

葉っぱはスペード型の丸で、茎は地面を這うように四方に広がるので、背は低い。直径１㎝もない５弁の黄花をつける。果実も小さく、茄子に似る。伊吹山では、どこにでも見られる。

08.7.8 山頂東遊歩道

45—ヤグルマソウ　矢車草

大きな葉っぱが放射状に広がり、その中心から花茎が伸びて、白い小花が密生して咲く。葉っぱの並びが端午の節句の鯉のぼりの矢車に似ている。山頂東遊歩道で見られる。

10.6.2 3合目

10.6.28 笹又コース

46―ニガナ 苦菜

葉や茎を切ると白い乳液が出る。これが苦いのでニガナという名がついた。隣同士が重ならない５枚の花弁が特徴で、道端でも普通に見ることができる。

47―ジシバリ 地縛り

茎を切ると苦い液が出るのはニガナと同じだが、こちらは花弁が多く７枚以上、葉っぱが丸いのが特徴。いずれも地面を覆うようにどこにでも繁殖し、農家では雑草として嫌われている。

12.7.8 笹又コース

48―カラマツソウ　唐松草

１ｍ以上にもなる茎の先に、たくさんの白い花をつける。花には花弁がなく、ガクもすぐ落ちるので、白色の雄しべが糸状に残り、これがカラマツの葉に似ている。写真は笹又コースのものだが、３合目の草地にも群生する。

12.7.8 笹又コース

49―ヒメフウロ　姫風露

　フウロソウ属の中では花が小さく、直径２㎝ぐらい。淡紅色の５弁の花びらに２本の赤い筋が入る。葉は３分裂し、小葉はさらに分裂する。石灰岩地帯を好み、１合目から山頂のところどころで見られる。

10.6.27 3合目

50―クサフジ　草藤

　つる状の茎は１ｍ以上で、先端は巻きひげになって絡みつく。長さ１㎝ぐらいの藤のような青紫色の蝶形花をたくさんつける。麓から山頂まで至るところに見られ、花期も非常に長い。

11.6.26 3合目

51—クルマバナ 車花

30～40cmの茎に5cmほどの間隔になって花が咲く。花はシソ科に従って唇形で、長さは1cmのピンク色。和名は花の集まりを車輪に見立てたという。9月ごろまで咲いている。

52—ミヤマコアザミ 深山小薊

ノアザミの変種で、伊吹山の固有種。強風に耐えるため、茎の高さはノアザミより低く、30～50cmぐらいで、棘、毛が多いのが特徴。7月の山頂で見られる。

10.7.8 山頂

11.7.10 静馬が原

53―クモキリソウ　雲切草

２枚の葉っぱの間から20㎝ぐらいの茎が伸び、淡緑色の花を数個つける。ガク片や側花弁は細い管状で８㎜ぐらい。全体が淡い緑色なので、草原の中では目立ちにくく、中々見つからない。

09.6.28 山頂

54―カノコソウ　鹿子草

春から初夏にかけ、地上茎を出し白から淡桃色の小花を多数咲かせる。和名は花の咲いている様子が鹿子模様に見えることから。根は吉草根と呼び、古くから鎮静剤として用いられた。

伊吹山花散歩コース(3)　笹又、静馬が原

　岐阜県春日村のさざれ石公園から登るルートで、急坂ばかりであるが、１時間半ほどで静馬が原を経由して駐車場近くのドライブウェイに達することができる。笹又は谷間に段々畑が広がっていて、その上部に駐車場が作られている。樹林帯の中をジグザグを繰り返して登って行くと、ドライブウェイが真上に展望できる開けた斜面に出る。そこから静馬が原に至る草地の登山道には、ウメバチソウ、ギンバイソウ、マネキグサなど、他のコースではあまりお目にかかれないものに出会えて楽しいコースである。

13.7.7 五色の滝

55―ヤマアジサイ　山紫陽花

高さは１～２ｍになるが、花は６月から７月にかけて咲く。周辺に４枚の花弁状のガクを持つ装飾花が、中心部に多数の普通花がある。花の色は薄く紅色を帯びるものから、白色、紫色を帯びるもの、青色のものなど多様である。

11.7.3 ドライブウェイ

56—コアジサイ　小紫陽花

背丈は１ｍぐらい。アジサイの仲間だが、装飾花と呼ばれるガクがないのが特徴。花は淡紫色で小さい。アジサイは七変化と言われるが、この花も初めは淡紫色だが、次第に白に変化する。ドライブウェイ脇で見つけた。

08.10.2 3合目

57—ハクサンフウロ　白山風露

　白山で多く見られ、伊吹山が分布の南限とされている。花は紅紫色が普通だが、伊吹山のものは色が薄く、白っぽいと言う。花びらに紅紫色の筋がある。3合目から咲きはじめ、盛夏にピークを迎えるが、花期は長い。

11.8.6 山頂

58—イブキフウロ　伊吹風露

　葉は幅５～８㎝で、手のひらのように開く。花弁は５枚で、先は丸みを帯び、深く３列に割れることを特徴とする。エゾフウロを母種とし、ハクサンフウロの変種と考えられている。

09.7.6 山頂

11.8.7 山頂

59—イブキシモツケ　伊吹下野

1.5 mぐらいに成長する落葉低木。よく枝分かれした幹の先に白い小さな花をたくさんつける。ひとつの花の直径は1 cmにも満たないが、これが集まって咲くので、コデマリのように見える。伊吹山で最初に見つけられたが、近畿地方以西に分布するとのこと。

11.6.19 山頂

10.7.8 山頂

60—シモツケ　下野

伊吹山の夏を彩るシモツケソウと異なり、こちらは落葉低木で、高さは1 mぐらい。初夏にピンクの集合花を咲かせ、秋には紅葉する。古くから庭木としても親しまれてきた。山頂や3合目で見かけることができる。和名は下野国に産したことに由来する。

13.7.21 ドライブウェイ

13.7.21 山頂

61―ノリウツギ　糊空木

7月から9月に、枝の先に白色の小さな両性花が円錐状に多数つき、その中に花弁4つぐらいの装飾花が混ざる。樹液を和紙を漉く際の糊に利用した。

62―アカショウマ　赤升麻

漢方薬になるサラシナショウマに似ているが、茎の下部や葉柄の基部が赤い。3回3出複葉の葉先は尖っていて、葉茎の先に枝分かれした総状の花序をつけ、小さな白色の花を多数つける。

12.6.13 山頂

11.5.30 北尾根

63—オオマムシグサ　大蝮草

マムシが鎌首を持ち上げた姿に似ている。5月になると山頂の草むらのあちこちで頭を持ち上げる。雌株は秋になるとトウモロコシのような赤い実をつける。いかにも毒々しい。

64—アシュウテンナンショウ　芦生天南星

黒褐色の仏炎苞《ぶつえんぼう》に白い筋の入るものがアシウテンナンショウとして紹介されている。北尾根で出会えるが、これも広義のマムシグサの仲間。マムシグサの仲間は似たものが多く、分類困難なものが多い。

13.7.11 山室湿原

65—ヒツジグサ　未草

　スイレン科スイレン属の花で、日本に古くから生息している。未の刻（午後２時）ごろ開花するとして、未草の名がついたが、実際には午前中から夕方まで咲いている。地下茎から茎を伸ばし、水面に葉と直径３㎝ほどの白い花を開く。山間の小さな池や湿原に生育し、大きな池では見ることが少ない。

13.7.7 五色の滝

66—オカトラノオ　岡虎の尾

日当たりのいい道端に生え、高さは１ｍにもなる。たくさんの白い小花が、長い穂先に向けて咲いてゆく。これがゆらゆらと揺れる様が、虎の尾に見立てられた。３合目や笹又コースでも見られるが、ドライブウェイ脇にも群生しているところがある。

伊吹山花散歩コース(4)　五色の滝、奥伊吹

琵琶湖に流れる姉川の水源の一つ、五色《ごしき》の滝へは、林道を使っての近道もあるが、花と出会うには、起《おこし》又谷《まただに》の堰堤から右側の山道を登って行く。いくつかの沢を渡る山道は、渓流も美しいが、ここは花崗岩で構成されており、石灰岩質の伊吹山とはひと味違った山野草を楽しむことができる。中でも８月に見られるイワタバコは有名で、これを目当てに訪れる登山者も多い。板並から曲谷《まがたに》、吉槻《よしつき》から甲津原《こうづはら》へと奥伊吹も花の散歩には欠かせない。

09.7.12 山頂

67―イブキトラノオ　伊吹虎の尾

　長い茎の先に、白い小花をつけた花穂が風に揺れる姿が、虎の尾に例えられた。伊吹山で発見されたが、他にも多く分布している。７月の山頂では、遠く湖東の山並を借景にして、見事な群落を見せてくれる。

08.7.6 山頂

68—ニッコウキスゲ　日光黄萱

　ゼンテイカ（前庭花）の名で呼ばれていたが、日光の尾瀬が原に多いことからニッコウキスゲと呼ぶようになった。オレンジ色の10㎝ぐらいの花が開くが、夕方にはすぼんでしまう一日花。東遊歩道で群生を見ることができる。

12.7.8 山頂

10.7.8 山頂東遊歩道

69―ヒヨクソウ　比翼草

　比翼草の名は、左右に対になった花を、深い男女の愛を詠んだ白楽天の詩になぞらえてつけられたもの。イヌノフグリに似た紫色の花が、山頂に至る登山道脇にも多く見られるが、小さいのでたいてい見逃されている。

70―バイケイソウ　梅恵草

　高さ１～２ｍ、７～８月に多数の花を総状につける。花が梅に、葉がケイランに似る。伊吹山では、山頂東遊歩道の駐車場近くに群生しているが、北尾根でも見られる。

12.7.16 山頂

71—ヤマホタルブクロ　山火垂袋

　姿が提灯に似ているところからの名称と思われるが、伊吹山ではどこででも見られる。３合目に通じる林道沿いには白花が多いが、頂上に登るほど赤味を帯びた花が多くなる。

13.7.21 山頂

72—キヌタソウ　砧草

砧は藁を叩いて柔らかくする木槌のことで、黒い実がこれに似ている。葉が４枚輪生することや、葉に３本の脈が目立つことなどから、花が咲かずとも容易に見分けられる。茎の上部に２～３㎜の白い小花を多数つける。

13.7.21 山頂

73—カワラナデシコ　河原撫子

秋の七草の一つ。ヤマトナデシコの別名があり、繊細で可憐な花が日本女性に例えられた。花は茎の先端につき、花弁の先が糸状に細裂している。淡紅色もあるが白色もある。花期は長く、９月ごろまで咲いている。

08.7.13 山頂

74—イブキジャコウソウ

伊吹麝香草

あたりにとてもいい香りを漂わせるが、草ではなく小低木。伊吹山で最初に発見されたが、次第に少なくなってきて、山頂付近で僅かに守られている。写真は山頂売店の花壇のものを撮らせていただいた。

10.7.25 3合目

75—ユウスゲ　夕菅

茎の高さが１ｍ以上にもなる大型の多年草で、地中に多数の束状の根がある。茎の先が枝分かれして、いくつもの花をつける。３合目伊吹高原ホテルの前に、淡黄色の花をつけて見事に群生するが、開花は午後５時ごろからのため、日の高い内に下山する登山者は気づかないことすらある。

13.7.21 山頂

76—キンバイソウ　金梅草

橙黄色をした花の形が梅の花に似ていることからの命名だが、花びらに見えるのはガク片で、雄しべのようなのが花びらである。茎の高さは40～50cmで、花も比較的大きく、直径3cmぐらい。平成25年には、山頂できれいな群落を作ってくれた。

12.7.10 静馬が原

10.7.8 ドライブウェイ

08.8.10 3合目

77—オオバギボウシ　大葉擬宝珠

蕾の形が橋の欄干の飾りに似ているところからギボウシ。大きな葉っぱから１ｍにもなる茎が伸び、白から僅かに青味を帯びたユリの形をした花が下から上に咲き上がる。山頂東遊歩道沿いに群落がある。

78—コバギボウシ　小葉擬宝珠

花茎の高さは30～40㎝、葉っぱも10㎝ぐらいの長さ。オオバギボウシに比べて全体が小ぶりである。３合目の草地にユウスゲが終わるころから咲く。花は漏斗型で、紫色の筋が入る。

伊吹山花散歩コース(5)　ドライブウェイ、山頂

岐阜県の関ヶ原から、ドライブウェイを使って9合目の駐車場に達し、そこから整備されている西、東あるいは中央という3つの山頂ルートの何れかで頂上を目指すコースである。ドライブウェイで30分、駐車場から山頂までは40～50分というところだろうか。詳しい花のガイドブックも幾つか発行されているので、これを片手に登ってくる方たちも多い。シモツケソウの真っ赤な夏、サラシナショウマの白などと大きく変わる山頂もさることながら、ドライブウェイや登山道脇の小さな花たちにも目を向けたい。

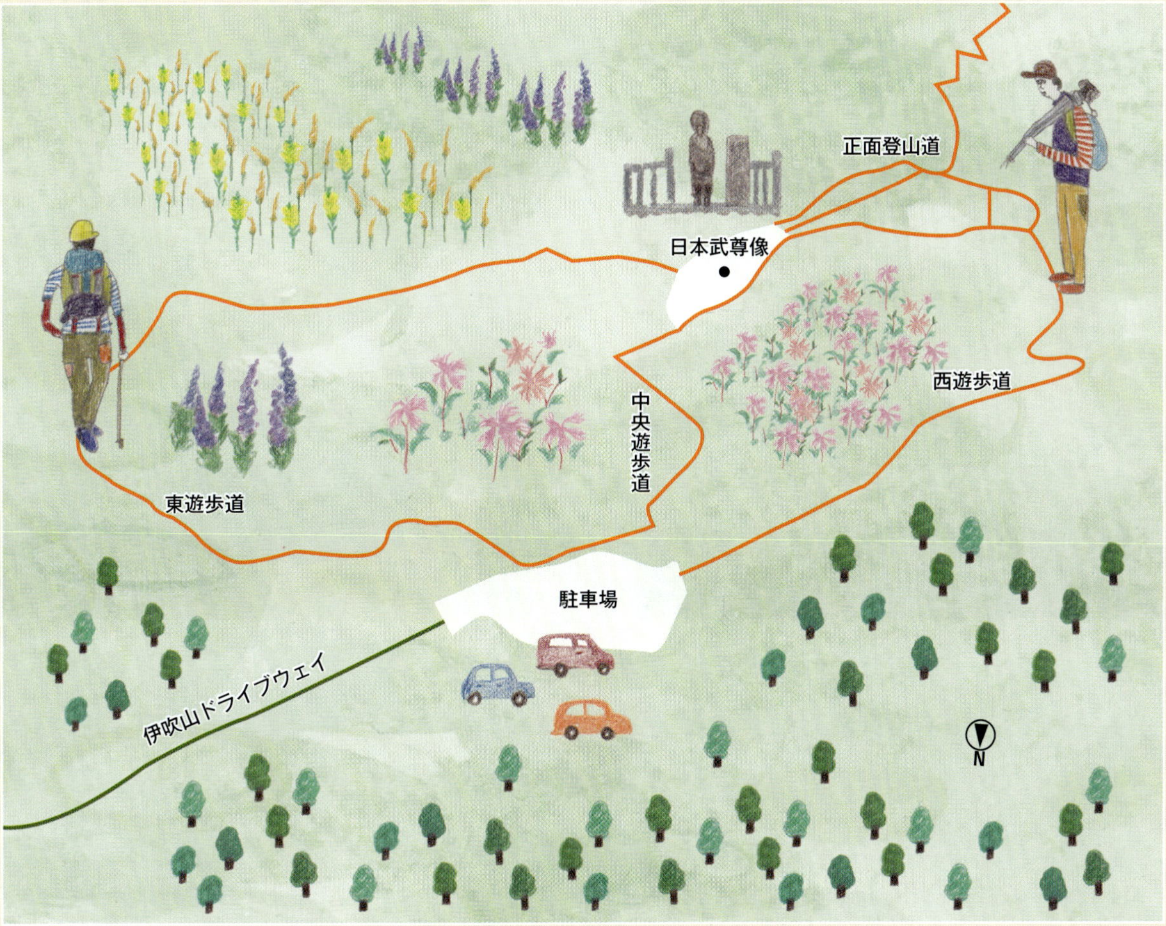

13.7.21 山頂

79—ミヤマトウキ　深山当帰

低地に生えるトウキの高山型で、背丈は20～50㎝。枝先に1個ずつの小さい花をたくさんつける。花弁は5枚で、花の大きさは直径3㎝ぐらい。

10.7.18 山頂

80—イブキボウフウ　伊吹防風

乾燥した根がカゼの煎じ薬になるところから、和名は風邪を防ぐ防風に由来する。葉は細かく切れ込み、白い小花が集まって咲く。

12.8.7 山頂

81—キリンソウ　黄輪草

　葉は卵形から長楕円形。先端は丸く、葉の先の方に浅い鋸葉がある。花は６～８月、茎頂に多数の５㎜くらいの鮮黄色の小花をつけ、美しい。黄色い小花が輪のように密につく様子を、黄花の一輪にたとえて、黄輪草の名になったという。

12.7.19 笹又コース

09.7.31 山頂

82—メタカラコウ　雌宝香

蕗のような大きな葉っぱから１ｍを超える茎を真っすぐに伸ばして、黄色い総状の花をつける。この花の群生は、赤いシモツケソウ、紫色のクガイソウなどとともに山頂の景色をいっぺんに変える。伊吹山の夏を演出する主役の一人である。

83—キバナカワラマツバ　黄花河原松葉

河原松葉という名称は、河原に生育する、細い葉の植物であるという意味である。高さは30～40㎝になる。茎の上部で分枝して泡立つような、多数の4弁花を付ける。花には白色のものもあり、カワラマツバと呼ぶが、花の色以外に違いはない。伊吹山では3合目から山頂にかけて、どこにでも見られる。

09.7.12 北尾根

09.7.12 山頂

10.7.27 山頂

84―シシウド 猪独活

ウドより大きく、猪が食べる大きさ、ということで和名がついたと言う。背丈は２～３m前後、枝分かれした茎の先に、白い小さな花が花火のように密集して咲く。根は独活《ドッカツ》と呼ばれ、陰干しして薬用に使う。夏、シシウドがシルエットで浮かぶ山頂の夕景を撮ってみた。

10.8.1 山頂

85—コオニユリ　小鬼百合

　赤橙色の花が赤鬼の顔を連想する。オニユリに比べて花が小さく、ムカゴがつかないのが特徴。伊吹山では３合目から山頂にかけての登山道脇でたくさん見られる。

11.7.31 6合目

10.8.1 山頂

86—ダイコンソウ　大根草

鉤のついた種子が、いわゆる「ひっつきむし」となって動物の毛につき、遠くまで運ばせる。高さは30～50㎝で、枝分かれした先端に1.5㎝ほどの黄色い花をつける。葉が大根に似ている。

87—ウバユリ　姥百合

地下には百合と同じく球根があるが、花は細長く、百合のように華やかではない。花が満開になるころには葉は枯れている。北尾根（南）の入口や東遊歩道で見られる。

10.7.27 山頂

88—クガイソウ　九蓋草

　茎は枝分かれせず、直立して１ｍにもなる。葉は４～６枚輪生して、五重塔のように層を作っている。茎の先端に淡紫色の小花が密集した長さ20㎝ぐらいの総状花穂がつく。山頂東遊歩道沿いなどに群生している。

08.7.22 3合目

10.8.1 山頂

89—シモツケソウ　下野草

7月下旬、山頂の景色は一変する。山頂お花畑の夏の主役、シモツケソウが咲き始めるのだ。よく見ると50～60㎝の茎の先に、たくさんの赤いつぼみとピンクの小花が混じっている。

秋

10.8.1 山頂

1—トモエソウ　巴草

花弁５個の花をつける。花は、巴形で風車のような形をしているが、朝開いた花は夕方にはすぼんでしまうので、しっかり開いているところには中々出会えなかった。オトギリソウ科というが、もっと大きく、花の直径は５㎝ほどある。

10.8.8 国見垰

2—オトギリソウ　弟切草

この草を原料にした秘薬の秘密を漏らしたとして、兄が弟を切り殺したという伝説を持つ。茎の高さは50～60㎝にもなり、分枝の先に径２㎝ほどの黄色い花をつける。花弁や葉に黒点や黒線が入るのが特徴。国見垰登山道入り口で群生しているのを見つけた。

08.7.22 3合目

3—キツリフネ　黄釣舟

葉っぱの下から細長い花序が伸び、その先に3㎝ほどの、帆かけ舟のような黄色い花がぶら下がっている。袋状花の後方は細く下に垂れ、そこに蜜をためて虫を誘う。ドライブウェイ側に多い赤いツリフネソウと違って、登山道側に多いと言う。

4—エンシュウツリフネ
遠州釣舟

ツリフネソウの仲間には、キツリフネのほかにハガクレツリフネとエンシュウツリフネがある。ハガクレツリフネの変種と言われる本種は、遠州(静岡県)ではほとんど見られないとのことであるが、ここ伊吹山では笹又コースで僅かに見つけることができる。

09.8.30 笹又コース

09.8.4 静馬が原

5—キオン　黄苑

シオン（紫苑）の紫色に対して黄色の鮮やかな花が咲く。茎がしっかりしていて、高さ１ｍぐらいに成長し、先端に黄色い花をたくさんつける。一つの花は直径２㎝でキク型。中心に筒状花が集まり、周りに５枚の舌状花がある。

12.7.22 吉槻

08.8.31 3合目

6—ヤブカンゾウ　藪萱草

　この美しい花を見ていると、物も忘れるという故事からの漢名で、忘れ草とも言い、古く中国から渡来したものとされる。若葉と花は食用になり、利尿剤として民間薬でも利用されている。奥伊吹の道路脇に咲く。

7—ノカンゾウ　野萱草

　ヤブカンゾウは八重、ノカンゾウは一重。8月に橙赤色のユリに似た花が咲く。花弁は6枚で、背は1mぐらいになる。伊吹山では3合目、花の散歩道の一角に咲いてくれる。

12.8.5 五色の滝

8—イワタバコ　岩煙草

湿った崖や水の滴る岩壁に生える。葉は10cmほどの楕円形で、タバコの葉に似ている。８月になると約10cmの花茎を出し、紫色の星型をした花をつける。沢渡りをしながら進む五色の滝への登山道で楽しむことができる。

11.8.7 1合目

9—キツネノカミソリ

狐の剃刀

30～50㎝の花茎を伸ばし、先端にオレンジ色の彼岸花に似た花を咲かせる。花が咲く時に葉はないが、シャープな葉の形から剃刀の名がついた。林道1合目あたりの林の中に群生する。

13.8.18 五色の滝

12.8.5 五色の滝

10—カワミドリ　川緑

背丈が１mにもなる大型の多年草で、全草にハッカのような強い香気がある。分かれた枝の先に長さ10㎝ぐらいの花穂を出し、淡紫色の花をつける。雌しべと雄しべは花の外に突き出ている。

11—メマツヨイグサ　雌待宵草

北アメリカ原産の帰化植物。道端や荒地に生える。高さ30㎝～１mにもなる。花弁は４個で、夜咲くが日中にも残る。オオマツヨイグサに似るが、花の大きさが小さい。

12.7.22 五色の滝

12.8.16 山頂

12—アキノタムラソウ　秋の田村草

草丈30～60cmの四角い茎が立ち上がる。上部に10cmほどの花穂を出し、長さ１cmほどの淡青紫色、唇弁花と呼ばれる特徴的な花を５～７個輪生させ、下から咲き上る。五色の滝へ至る登山道で見つかる。

13—オオヒナノウスツボ　大雛の臼壺

背丈は１ｍもあるが、花は１cm足らずの膨らんだ壺形。暗赤色で目につきにくく、実がついたように見える。日当たりのいい草原や林縁に生える多年草だが、伊吹山では山頂の一角に僅かに見られる。

12.9.2 3合目

14—ツルボ **蔓穂**

数本の細長い葉の間から高さ30cmぐらいの花茎を伸ばし、穂のような総状花序に、淡い紫色の花をたくさんつける。別名を参内傘《サンダイガサ》と言うが、傘をたたんだ形に似ているからであろう。

10.8.5 笹又コース

15—ギンバイソウ　銀梅草

大きな葉の先が分かれ、ジャンケンのチョキの形をしているので、花がなくてもギンバイソウと分かる。花は白梅の形に似ていて、真白で後に淡紅色に変わる。伊吹山では、笹又コースと北尾根（北）で僅かに見られる。

10.8.16 山頂

16—ルリトラノオ　瑠璃虎の尾

伊吹山だけに自生する特産種とされ、環境省レッドリストの絶滅危惧Ⅱ類（VU）に掲載されている。高さは70㎝ぐらいになり、小さい瑠璃色の小花を穂状につける。クガイソウに似るが、ルリトラノオは葉が対生で、１本の茎に３本の花穂をつけるものが多い、などの鑑別点がある。

13.8.15 山頂

17―マルバダケブキ　丸葉岳蕗

直径30㎝もあるフキのような大きな丸い葉っぱから１ｍを超える茎が伸び、茎の上部に黄色い５～６個の舌状花をつける。メタカラコウの仲間と聞くと、なるほどと思える。東遊歩道の駐車場近くに群生地がある。

08.8.10 3合目

18―オオナンバンギセル　大南蛮煙管

イネ科の植物に寄生し、自身では葉緑素を持たない。西洋人のキセルに似た形からの命名。伊吹山では３合目の高原ホテル前の草地で、カリヤスの根元に咲くが、中々見つからない。

12.9.2 3合目

19―センニンソウ　仙人草

真白な4枚の花弁に見えるガク片が十字形に開く。3合目の草地に見られ、花がたくさん集まって咲いている。和名は実の先端につく白い羽毛を、仙人のひげに見立ててつけられた。有毒植物で「馬食わず」とも呼ばれている。

12.9.2 上野

20―ボタンズル　牡丹蔓

　センニンソウによく似ているがボタンズルの葉には切れ込みがあること、また花の色が少し黄色っぽい、ことなどが鑑別点である。五色の滝への山道でも出会うことができる。

12.8.5 五色の滝

21—フシグロセンノウ

節黒仙翁

　鮮やかな朱色の花がよく目立つ。50 ～ 60cmの背丈で、茎の節が黒褐色になる。花は直径５cmぐらいで、分枝した茎の先に数個つく。８月にドライブウェイ脇でも咲いていた。

08.8.17 山頂

22—ツリガネニンジン

釣鐘人参

花が釣鐘状に6個つき、根がチョウセンニンジンに似ている。淡紫色の釣鐘状の花びらが5列して、先端で反り返る。雌しべの柱頭が花冠より突き出ているのが特徴。

10.8.5 ドライブウェイ

23—ソバナ　岨菜

　花茎の高さは、50㎝～１ｍにもなり、青紫色の釣鐘形の花を多数つける。ツリガネニンジンのように輪生することはなく、花の形も柱頭が花の外にまで伸びることはない。山の険しい岨道《そばみち》に生える菜という意味の和名。

12.8.4 上板並

24—ナツエビネ　夏海老根

湿り気のある山地に生える。8月に花茎が伸びて、上部に10数個の花を咲かす。色は白や淡紫色。かつては板並や奥伊吹の杉林にも見られたが、最近はめっきり少なくなってしまった。写真は室谷さんの山でのもの。

13.8.4 山室湿原

25—サギソウ　鷺草

日当たりのよい湿地に自生する野生ラン。夏、高さ20㎝ほどの茎の先端に鷺が羽を広げたような姿の純白の花を咲かせる。乱獲や生育環境の変化により、現在では自生のものを見る機会は少なく、環境省レッドリストの準絶滅危惧（NT）に掲載されている。山室湿原で見ることができるのは幸いである。

13.9.5 山室湿原

26—サワギキョウ　沢桔梗

　秋風の立つころ、湿地に生育する。花の色はキキョウに似るが、形は大きく違い、唇形の深く５裂した濃紫色の花を、茎の先端に総状に咲かせる。背丈は１mにもなることがある。山室湿原で見られる。

伊吹山花散歩コース(6)　山室湿原、山東野

山室湿原は、米原市（旧山東町）を南北に走る横山の東側にあり、周囲約 500 m、面積約 1.5ha の小規模な湿原である。今から約 2 万 5000 年前に成立したと考えられているが、水田や道路の開発にもかかわらず、ここだけが自然のままで残り、貴重な植物や昆虫などがよく保存されていて、地元の人たちによって手厚く保護されている。伊吹山の行き帰りに立ち寄る花好きの人たちも多い。山東野には三島池やグリーンパークなど、伊吹山を望む多くのポイントがある。

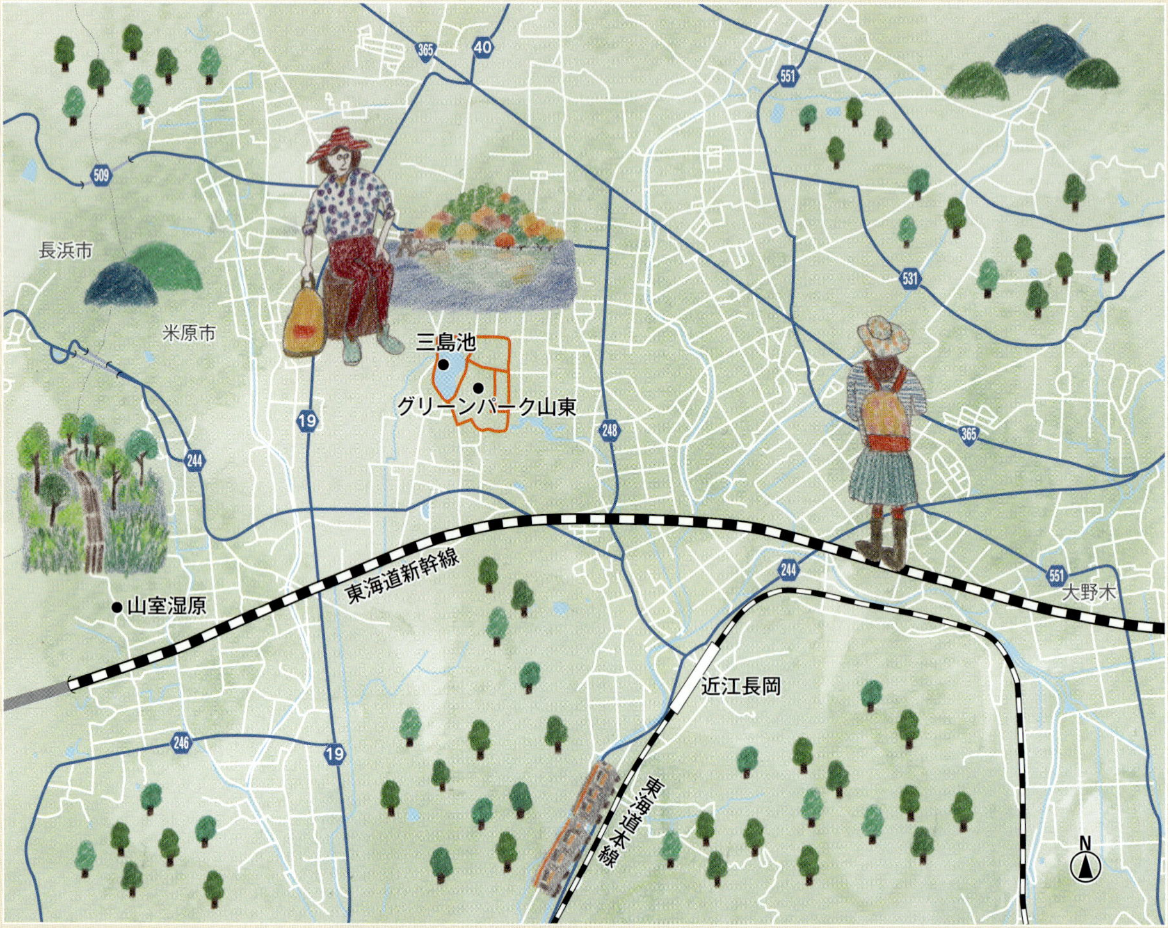

09.8.4 山頂

11.8.7 山頂

27―シュロソウ　棕櫚草

茎の根元に棕櫚の木のような茶色の繊維がある。花はこげ茶色で地味だが、よく見ると雄しべや雌しべの先端が赤や黄色になっている。東遊歩道や山頂にたくさん咲いている。

28―イワアカバナ　岩赤花

花弁の先に切れ込みが入った、直径５㎜ぐらいの可愛い花をつける。花の色は、白から淡紅色。雌しべの先端が膨らみ団子状になる。山頂や笹又コースで見られる。

08.8.19 山頂

29—アカソ　赤麻

茎や葉柄が赤いので赤い麻と書いてアカソ（赤麻）。古代には繊維としてばかりでなく、赤い色を利用して草木染の材料ともなった。伊吹山では西遊歩道北側斜面に大群生し、その強い生命力は山頂のシモツケソウ群落を脅かす存在。

09.8.14 山頂

30—キンミズヒキ　金水引

長さ50～60cm、穂状に伸びた茎の上部に黄色い5弁の小さな花をつける。花の直径は1cmにも満たない。熨《の》斗《し》袋に付ける水引に見立てられた。山頂にたくさん咲く。花が終わると棘のついた果実が出来、これが「ひっつき虫」となって散布される。

12.8.26 上板並

31—ナツズイセン　夏水仙

水仙というより、ユリとかキスゲに似た花。地下に鱗茎を持ち、春には水仙のような葉を出し、真夏に鱗茎一つに１本、60㎝ほどの花茎を伸ばす。花茎が伸びる頃には葉は残っておらず、花茎と花だけの姿となり、俗にハダカユリ（裸百合）とも呼ばれる。

08.10.18 笹又コース

09.8.22 ドライブウェイ

32―シデシャジン　四手沙参

花冠が細く裂け、注連《しめ》縄などにつけてある四手に似ている。妙な形をしているが、青紫色で、中々きれいな花である。最初は笹又コースで見つけたが、ドライブウェイ沿いにも咲いていた。

13.8.18 山頂

13.8.18 山頂

33—ノダケ　野竹

開花時期には背丈は１ｍ以上にもなり、先端に小さな紫色の花をまとめて咲かせる。花の少し下に、付け根が丸く膨らんだ、さや状の葉っぱ（葉鞘）がつく。この様子が竹に似ているからノダケと呼ばれるようになったという。

34—クサボタン　草牡丹

葉の形が牡丹に似ている。株の茎は木質化し、高さは１ｍほど。花枝が分かれて、淡紫色の花を下向きにたくさんつける。花は長さ２㎝、細い釣鐘形で、開花すると４枚のガク片の先端がそり返る。

08.8.11 山頂

35—ミツモトソウ　水元草

　茎の先に直径1㎝ぐらいの黄色い5弁の花を多数つける。花弁と花弁の間に隙間があり、尖ったガク片が見える。春に咲くキジムシロの仲間だが、本種は花期が遅く、9月ごろに花をつける。山頂山小屋の付近でも群生している。

36—コウゾリナ　剃刀菜

　春から茎を伸ばして、夏になると枝分かれして次々と黄色いタンポポのような花を咲かせる。葉や茎には剛毛があり、ざらざらした感じから顔剃菜と呼ばれ、転じてコウゾリナになった。花期は長く、3合目から山頂にかけて、どこででも見られる。

09.9.21 山頂

09.8.14 山頂

11.8.15 山頂

37—オオハナウド　大花独活

大型で背丈は２ｍにもなり、葉も大きい。芽が出るころはウドに似ている。白い花が無数に集まり、半球状になっている。一番外側の花弁が大きいのが特徴で、先が大きく割れている。

38—イブキゼリモドキ　伊吹芹擬

深山に生える高さ30～80㎝の多年草。葉は羽状に分かれ、小葉は深く切れ込んでセリの葉に似ている。伊吹山で最初に見つかったのでイブキゼリ（伊吹芹）とも呼ばれていた。

39―ワレモコウ　吾亦紅

「吾木香」「割木瓜」などの字も当てられるが、和歌や俳句で一般に使われるのは、われもまた紅い、という意味の「吾亦紅」。夏に茎を出して１mほどの高さになり、枝分かれして、それぞれの先に団子状の花をつける。花弁はなく、４枚のガク片が暗紅色で、秋遅くまで咲いている。

08.8.17 山頂

10.8.1 笹又コース

40—オトコエシ　男郎花

白花の強い姿で、オトコエシ（男郎花）の名がついた。高さは１ｍぐらい、白色の毛が密にある。茎は先端で分枝し、枝先に粟粒状の白い花を集めてつける。３合目や笹又コースに多い。

08.8.31 3合目

41—オミナエシ　女郎花

秋の七草の一つで、名前のオミナは美しい女の意味。食して無病息災を祈願する春の七草と違い、秋の七草は眺めて楽しむ草花とされている。３合目で見つかる。

08.8.17 山頂東遊歩道

42—タムラソウ　田村草

草丈は60㎝～１ｍと大きく、茎の上部が枝分かれして、直径３～４㎝の紫紅色の頭花を多数つける。花はアザミに似ているが、葉に棘がないので、触っても痛くない。アザミが夏の花ならタムラソウは秋の花。山頂のところどころに群生する。

12.9.2 3合目

43—ツユクサ　露草

朝露に濡れて咲くが、午前中にはすぼんでしまう露のようにはかない花である。花期は長く、どこにでも見られるが、伊吹山の山頂でも咲いていた。

09.9.6 3合目

44—ヒルガオ　昼顔

朝顔と違い、名前の通り昼に開いて夕方にはすぼむ。ヒルガオにも昼顔と小昼顔があって、花期が異なり、微妙に違うようだが、見分けは難しい。写真は３合目でのもの。

09.8.23 笹又コース

45—マネキグサ　招き草

葉の脇から長さ約２㎝、暗紅紫色、唇形の花を１～３個つける。手招きしているような形。茎の高さは40～70㎝、オドリコソウやキセワタの仲間だという。笹又コースの１ヶ所だけに自生している。

09.9.6 北尾根

46—ツルリンドウ　蔓竜胆

　蔓性だがあまり長くは伸びない。地面を這ったり、小さな植物に巻きついて立ち上がる。先の尖った葉の脇からリンドウに似た形の白色から淡紫色の可憐な花をつける。花の長さは3㎝ぐらい。秋には美しい赤色の果実を稔らせる。

10.9.5 国見垰

47—ホツツジ　穂躑躅

　ツツジの仲間だが秋に花を咲かせる。60cmから１ｍぐらいに直立し、枝先に花穂をつける。花弁はやや赤みを帯びた白色で、３枚から４枚が反り返って丸まる。雌しべが長く突き出ているのが特徴。北尾根（北）の登り口に咲いている。

08.8.5 山頂

48—ヨツバヒヨドリ　四葉鵯

鵯《ひよどり》の鳴く夏ごろに咲くヒヨドリバナにそっくりだが、４枚の葉が輪生する。茎の高さは１～２m。先端に淡紅紫色または白色の花を密につける。2000㎞もの旅をするアサギマダラが羽を休める。

13.8.29 山頂中央遊歩道

49—フジテンニンソウ　富士天人草

背丈は１ｍにもなり、茎の先端に尾状の花穂をつけ、淡黄色の花が多数つく。富士山周辺に多いというが、伊吹山でもあちこちに大群落を作っている。同じ花で、色だけが違うものにミカエリソウがある。

10.8.22 笹又コース

50—ウメバチソウ　梅鉢草

　夏から初秋にかけて、高さ30～40㎝の花茎が直立して、先に直径2㎝ぐらいの1個の白い花をつける。花茎の下部には1枚の丸い葉があり、茎を包んでいる。花弁には緑色の脈が目立ち、玉のように丸くなった腺体をもった仮雄しべが、扇のように広がり、家紋の梅鉢に似ている。笹又コース、ドライブウェイ沿いで出会える。

11.8.28 笹又コース

12.10.14 ドライブウェイ

51—ヒナノキンチャク　雛の巾着

草丈は、せいぜい10㎝。直径２㎜ほどのピンクの可愛い花がついている。果実が小さな巾着に見立てられたらしいが、肉眼での判別は無理。わずか７都県でしか確認されていない。環境省レッドリストの絶滅危惧ＩＢ類(EN)に掲載されている。

52—チチブリンドウ　秩父竜胆

岐阜、群馬、埼玉、長野などと伊吹山のみに自生し、環境省レッドリストの絶滅危惧ＩＢ類(EN)に記載されている。石灰岩地帯に生え、背丈は10cm前後、花は青紫色だが、ほとんど開かない。学術的にも貴重とされているので、撮影にも気をつかう。

10.9.5 北尾根

53—ヤマジノホトトギス　山路の杜鵑

花名の由来は、花にある紅紫色の斑点が、ホトトギスの胸にある斑紋に似ていて、山道で見られることから。花の独特の形は、蜜を求めて止まる虫に花粉がつきやすいようになっている。北尾根（北）登山道の登り口で僅かに出会うことができる。

伊吹山花散歩コース(7)　国見林道、北尾根

岐阜県揖斐川町からは、国見岳スキー場への道を通って国見峠まで行き、そこに車を置いて伊吹山を目指す北尾根ルートがある。国見岳、大禿山、御座峰を通過して静馬が原の伊吹山ドライブウェイに達するには、3時間ほどを要する行程である。この国見峠には滋賀県側からも林道が通じていて車で行ける。このルートは花の登山道として最近人気が出てきたが、写真撮影をしながらの走破は困難で、私はドライブウェイに車を置いて御座峰までの南側と、国見峠から御座峰を目指す北側とに分けて挑戦することにしている。

13.8.29 山頂中央遊歩道

54―サラシナショウマ　晒菜升麻

若菜を晒して食用にし、根は升麻と言って生薬として用いたと言う。長さ１～1.5 mの１本の茎に白いたくさんの小花をつける。伊吹山では８月下旬、山頂の中央コースや東コースで大群落が見られ、秋の主役を演じる。

08.8.31 山頂東遊歩道

55―イブキトリカブト　伊吹鳥兜

猛毒植物として有名だが、深い紫色の花が白いサラシナショウマをバックにして、見事なコントラストを演じ、秋の山頂東遊歩道を飾る。花の形が烏帽子に似ており、茎は直立して１ｍ以上もある。

09.8.30 静馬が原

56—イブキレイジンソウ

伊吹伶人草

雅楽の演奏者（伶人）の被る帽子に似た花が、茎の先にたくさんつく。日本固有種で、伊吹山とその周辺地域に限定して分布する（環境省準絶滅危惧〈NT〉）。静馬が原や笹又コースで見られる。

09.9.13 北尾根

57—ハクサンカメバヒキオコシ

白山亀葉引起

葉の形が亀の甲羅を連想する卵円形で、葉先が尻尾のように見える。青紫色の花は秋に開花する。伊吹山が分布の南限で、多雪地帯の植物の一つとされている。北尾根（南）で見つかる。

09.9.19 山頂

58—アケボノソウ　曙草

　茎の高さは90㎝もあり、真っすぐに立つ。つぼみは沢山ついているが、順番に開花するので、同時に咲いているのは３分の１ぐらい。花びらを明け方の空に見立てて、散在する斑点が星に例えられた。伊吹山では山頂西遊歩道やお花畑で見つけることができる。

10.8.22 山頂

12.9.2 3合目

59—ツルニンジン　蔓人参

　蔓性の植物で、他の植物にからみついて伸びる。側枝の先に釣鐘型の花を１個下向きに咲かせる。外面は淡緑色、内面には紫褐色の斑紋がある。根が朝鮮人参に似ている。山頂東遊歩道の駐車場近くで見つかる。

60—ヘクソカズラ　屁糞葛

　葉や茎をもむと悪臭がする。花の色合いが灸を据えた跡のようなのでヤイトバナ（灸花）の別名もある。どこにでも見られる蔓性の雑草である。３合目で撮影した。

10.9.19 笹又コース

61—ミツバフウロ　三葉風露

　茎の長さは30～80cmあるが、立つ力が乏しく、他の植物に寄り添って生育する。枝先や葉腋から、茎が伸び、直径1～1.5cmの白色から淡紅色で、脈のある花を2個つける。葉は掌状で、ミツバのように3深裂する。

62—ミヤマママコナ

深山飯子菜

　国見峠から北尾根に入ると、間もなく登山道脇に、ピンクで筒状、唇形の可愛い花を見る。名の由来は花唇にある二つの隆起を米粒に見立てて、飯《ママ》子《コ》菜《ナ》としたという説が有力とのこと。

11.9.18 国見垰

08.8.31 山頂

08.8.30 山頂

63—ヤマハッカ　山薄荷

高さ１ｍぐらい、細長い花穂に青紫色の小さな唇形の花を数個ずつ数段につける。葉がハッカに似ているが香りはない。３合目から山頂にかけての登山道脇にたくさん咲く。

64—ナギナタコウジュ　薙刀香需

四角い茎が直立して、30～60㎝。茎の先に太い花穂をつけ、淡紫色の唇形をした花を片側だけに密につける。この形が薙刀に見立てられた。北尾根（南）の入り口や３合目で見つかる。

11.9.18 上板並

65—ツリフネソウ　釣舟草

花のつき方が、帆かけ舟を吊り下げたように見える。花は３㎝くらいの紅紫色。ツリフネソウ属の花は葉の下につくのが普通だが、本種は葉の上につく。水辺や湿気の多いところを好み、ドライブウェイ沿いや国見垰に至る林道沿いに多い。

11.9.18 上板並

66—ミゾソバ　溝蕎麦

溝などの水辺に群生し、葉が蕎麦に似ている。直径５㎜ほどの小さい花の中心部は白いが、花弁の先は紅色で金平糖のようである。水辺を好んで群生する。

67—タニソバ　谷蕎麦

ミゾソバに似ているが、花が白色で、やや大きい。茎の高さは10～15㎝、よく分枝し、赤味を帯びる。枝先などに小さな花を頭状に多数つける。花弁に見えるのはガク片で４裂する。葉は互生し、卵形で、先が尖る。山頂に群生する。

08.8.31 山頂

08.9.3 笹又コース

68—イブキコゴメグサ

伊吹小米草

伊吹山と霊仙山の２ヶ所に特産する。茎の高さは 10 ～ 20cmになるが、葉の脇に直径１cmもない白色の小さな花をつける。花の上唇には紫色の、下唇には黄色の斑紋があって、とても可憐である。３合目でもお目にかかるが、静馬が原から笹又へのルート沿いに群生してくれる。

08.9.7 笹又コース

08.9.23 笹又コース

69—シオガマギク　塩竈菊

茎の上部に長さ２㎝ほどの紅紫色の花を螺旋状、渦巻状につける。背丈は70㎝にもなるというが、伊吹山では石灰岩地帯のためか20～30㎝のずんぐりした高さのものが多い。笹又コースのドライブウェイ近くで見られる。

08.9.23 山頂

70—アキノキリンソウ　秋の麒麟草

　秋になると総状の黄色い花をたくさんつける。花が泡立つように咲くところから、別名をアワダチソウと言う。同種の帰化植物にセイタカアワダチソウがあるが、よく見ると花の作りは同じ。８月の終わりに山頂で開花し、10月にかけてゆっくり下山してくる。

09.9.13 笹又コース

71—アキチョウジ　秋丁字

９月になると、静馬が原から笹又へのコース沿いに沢山咲いてくれる。高さは１ｍにもなろうか、先端に長さ２㎝ぐらいの筒状の花が一方向に、まばらにぶらさがるようにつく。

09.9.13 笹又コース

72—ダイモンジソウ　大文字草

５枚の花弁が大の字を描く。小さい花だが、赤い雄しべの葯が10個あって印象的。背丈はせいぜい20～30㎝、花の径も２㎝と小さいので見逃しやすいが、静馬が原から笹又へのコース沿いに、９月になるとたくさん咲いてくれる。

11.9.25 山頂西遊歩道

73—ジンジソウ　人字草

５弁の花びらのうち下の２枚が極端に長く、人の字を描く。ユキノシタの花に似ているが、上花弁の斑点が赤色でなく、黄色であるところが違う。山頂西遊歩道の一角に咲いてくれる。

09.9.13 笹又コース

11.10.23 上板並

74—ミツバベンケイソウ　三葉弁慶草

　花期には背丈が30～80㎝になり、３枚の肉厚の葉が茎に輪生する。花茎の先端に小さな花を密生した花序を出す。花弁は淡黄緑色または淡緑色、伊吹山のような石灰岩上の乾燥しやすい場所でもよく育っている。

75—アキノノゲシ　秋の野芥子

　日本全土の低地に普通に生える高さ１～２ｍにもなる大型の１～２年草。茎は直立していて、折ると白い乳液が出る。直径約２㎝ぐらいの淡黄色の花を、９月から11月にかけてたくさんつける。３合目にも自生している。

11.11.3 国見垰

76—ヤクシソウ　薬師草

名前の由来は、花の形が薬師如来の光背に似ているからという説がある。葉はさじ形で茎を抱き、黄色で直径1.5㎝ぐらいの頭花を数個つける。道路の法面など、日当たりのいい場所によく生え、国見垰に至る林道脇などに多い。

77—ヤマラッキョウ　山辣韮

地中にあるラッキョウと同じような球根から細い葉を数枚出し、30㎝くらいの花茎に紅紫色の花を放射線状にたくさんつける。一つひとつの花からは雄しべが長く突き出ている。3合目高原ホテル前の草地に多い。

11.10.18 3合目

08.8.10 山頂

78—コイブキアザミ　小伊吹薊

石灰岩地で表土が乾燥していて、風の強い所に生える。伊吹山の山頂にのみ生育する多年草。高さは50㎝～1ｍで、茎から多数の花茎を出し、小さな頭花をたくさんつける。ちぢれた毛が多く、棘も鋭く、痛い。

09.9.20 5合目

79—イブキアザミ　伊吹薊

伊吹山固有種のひとつで、コイブキアザミとヒメヤマアザミの中間型と考えられている。頭花が密生しない、棘が目立たない、花期が遅い、などがコイブキアザミとの違い。山頂よりも中腹に多い。

08.10.9 3合目

80—センブリ　千振

草丈は20㎝ぐらい。花は５弁で白く、縦に紫色の線が入る。胃腸薬として有名で、開花期の全草を乾燥させ、煎じたり粉末にして服用する。非常に苦味が強く、最も苦い生薬と言われる。３合目の登山道脇などに咲く。

08.10.2 3合目

81—キセワタ　着せ綿

花の周りを覆っている白い毛を綿に見立てて、宮中の重陽の節句の行事に因んだ和名がつけられた。3合目の山道脇にオドリコソウに似た形の桃色の花を咲かせている。環境省レッドリストの絶滅危惧Ⅱ類（VU）に掲載されている。

13.10.6 3合目

82—リンドウ 竜胆

高さは50㎝ほど、茎の先に釣鐘形で４㎝ほどの花をいくつも咲かせる。きれいな紫色だが晴天の時だけに開く。かつては水田の周辺など、どこにでも自生していた。和名の由来は、クマの胆よりも苦いという生薬名を音読みしたもの。３合目や山頂に多い。

伊吹山花散歩コース(8)

３合目、登山道

伊吹山は、米原市上野の三之宮神社横から、登山道あるいは林道を使って３合目に達し、ここから頂上を目指すのが唯一の登山道である。かつてはゴンドラが営業していたが、最近は休業しているので、楽をしようとするとタクシーを利用しなければならない。３合目は森壽朗さんたちのご努力で山野草が豊富に保護されていて、３合目での写真撮影で堪能してしまい、頂上へ登る時間をなくしてしまうことも多かった。３合目から頂上へは、健脚の方で片道約２時間の登山コースである。

12.9.2 3合目

83—ゲンノショウコ　現の証拠

日当たりのよい山野に普通に生える。花弁は５枚で、紅紫花は西日本に、白紫花は東日本に多い。伊吹山には両方咲く。古くから下痢止めの妙薬とされ、名前は「現に良く効く証拠」に由来していると言う。

13.8.18 山頂

84—ヤマハギ　山萩

ハギ（萩）とは、マメ科ハギ属の総称。ヤマハギは、背の低い落葉低木であるが、太い木にはならず、毎年根元から新しい芽が出る。秋に枝の先端から多数の花枝を出し、紫紅色、１㎝ぐらいの蝶形花を多数つける。

12.8.5 五色の滝

85—ナンテンハギ　南天萩

葉の形が南天に、花が萩に似ている。高さは１ｍぐらいになり、葉の脇から総状の花序が伸び、紅紫色の蝶形の花を多数つける。３合目で出会った。

12.9.2. 3合目

12.8.26 五色の滝

09.9.6 3合目

86—コマツナギ 駒繋ぎ

落葉低木。高さは1mにもなり、葉っぱは、1～2㎝の楕円形。葉の脇から総状花序を出し、4㎜ほどの蝶形花をつける。道路緑化などで、中国のトウコマツナギが持ち込まれているが、在来種より背丈が大きい。

87—メドハギ 箆萩

茎が直立して、背丈は80㎝～1mにもなり、基部は木質化している。占いの一種に使用されるぜいちくを「めどぎ」といい、茎をぜいちくに使用したためメドハギと言われるようになった。

88—リュウノウギク　竜脳菊

リュウノウの名は、葉や茎に揮発性の油が含まれ、もむと竜脳に似た香りがすることから。花は茎の先端につき、直径４～５㎝と大型で、外側に白い舌状花が並ぶ。花期は遅く、山頂お花畑の最後を飾る。

10.10.17 笹又コース

あとがき

湖北で生まれ育った私だが、生家から伊吹山は、手前の山に隠れて見えない。しかし、20～30分かけて、自転車で通学した中学校（浅井東中学）と高校（虎姫高校）からは、その雄姿をいつも仰ぎ見ることができた。長浜方面からの伊吹山は、３合目から１合目にかけてのなだらかな稜線が、ちょうど裾野を広げたように見えるので、私は、この方角から見るのが最も奇麗な格好だと思っている。

伊吹山の花の写真を撮ろうと本気で決心したのは70歳になってからであった。伊吹山の花については、すでに、何冊かの写真集が出版されているし、ガイドブックも出ている。最近では、インターネット上での紹介も多い。いずれも立派な作品ばかりであるが、自らも足を運んでシャッターをきり、こどもの頃からのふる里自慢を、フィルムと脳裏にしっかりと残しておきたいと考えたのである。

撮影をはじめた当初は、山野草についての知識はゼロで、地元の方々をはじめ、山で出会う人たちに教えていただくばかりであった。３合目では森壽朗様に格別のご指導をいただいた。地元の人々とともに活躍しておられる山本信子様や、ケアセンターの畑野秀樹先生にも、山麓の現地で親しくお教えをいただいた。よくしていただいた対山館など、山頂山小屋の人たちにも感謝を申し上げておきたい。

最初は、山だけの撮影で終えようと思っていたが、草川啓三氏の『伊吹山案内』とhatabo先生のホームページに誘惑されて、散歩・撮影のフィールドが、次第に奥伊吹や山麓の山東野に広がっていってしまった。よりよい写真集ができるまで、いつまでも続けたいのは山々だが、今回76歳までの作品でサンライズ出版にまとめていただくことにしたものである。

編集にあたって、春の花は３月から５月、夏は６月から８月上旬、秋は８月中旬以降のものと、大まかに分けたが、山麓と山頂では気象条件も異なり、年によっても開花時期には変動がある。春、夏、秋の分類は大まかなものであると理解していただきたい。こんなことでも、監修をいただいた青木繁先生には、大変ご苦労をかけたことと思う。貴重な序文をいただき、素人の写真を一冊にまとめていただいたこと、改めて感謝申し上げます。

歳ごとに　山低くなる　登山かな　（畑　隆）

中高年から女性まで、登山がブームになっているが、自らの体力に相談しながら、無理しないのが、何といっても肝要である。そういう意味でも、伊吹山は、高年になってからでも安心して楽しめる山の一つであろう。山野草の宝庫とも言われる伊吹山、草花の知識があれば、登山の楽しみも倍加する。私も、まだまだ山散歩を続けたいと思っている。ふる里自慢の伊吹山と草花たちが、いつまでも奇麗な姿でいてくれることを期待しながら。

2014年３月

橋本　　猛

索　引

■ 監修者プロフィール

青木　繁（あおき・しげる）

1952年滋賀県大津市生まれ。元滋賀県公立学校教員・滋賀県立朽木いきものふれあいの里館長。有限会社グリーンウォーカークラブ・ネイチャーガイド研究所代表取締役。環境省貴重野生動植物物保存推進員。高島市文化財保護審議委員。滋賀県いきもの調査専門員。
おもな著書（共著含む）に『滋賀県の山』（山と渓谷社）、『朽木の植物』『高島の植物』（ともにサンライズ出版）『マイカー登山・関西編』（山と渓谷社）など。

■ 著者プロフィール

橋本　猛（はしもと たけし）

1938年滋賀県長浜市生まれ。1956年滋賀県立虎姫高校卒業。1963年京都府立医科大学卒業、医学博士。1979年大津市にて整形外科医院開設。滋賀県整形外科医会理事。滋賀県臨床整形外科医会理事。滋賀県スポーツ医会理事。元大津市医師会会長。
著書に『ふるさと近江健康歳時記』、写真集『ハレの日のこどもたち』（ともに京都新聞社）。

●現住所
〒520-0987 滋賀県大津市平津1丁目19-18

参考文献

あらたひでひろ『伊吹山のお花畑』東方出版　2007年
いかりまさし『日本のスミレ』山と渓谷社　2008年
いかりまさし『四季の野の花図鑑』技術評論社　2008年
大川勝徳『伊吹山の植物』幻冬社　2009年
草川啓三『伊吹山案内』ナカニシヤ出版　2009年
加藤久幸『伊吹山花のガイドブック』一光社プロ　2008年
澁田義行『滋賀の山野に咲く花700種』サンライズ出版　2012年
永田芳男『春の野草』山と渓谷社　2006年
永田芳男『夏の野草』山と渓谷社　2006年
永田芳男『秋の野草』山と渓谷社　2006年
林弥栄ら『日本の野草』山と渓谷社　2009年
村瀬忠義『伊吹山ミニ事典』名阪近鉄バス関ヶ原営業所　1994年
森壽朗『伊吹山中腹の草花ミニガイド』サンライズ出版　2005年
安原修次『伊吹山の花』ほおずき書籍　2003年

伊吹山花散歩

2014年3月15日　初版　第1刷発行

著　者　橋本　猛

発行者　岩根順子

発行所　サンライズ出版
〒522-0004滋賀県彦根市鳥居本町655-1
tel 0749-22-0627　fax 0749-23-7720

印刷・製本　P-NET信州

ISBN978-4-88325-530-6
定価はカバーに表示しています